四足游龙
蜥蜴与人类文明

〔美〕博里亚·萨克斯◎著　沈汉忠◎译

清華大学出版社

北 京

北京市版权局著作权合同登记号　图字：01-2021-4874

版权所有，侵权必究。举报：010-62782989，beiqinquan@tup.tsinghua.edu.cn。

图书在版编目（CIP）数据

　　四足游龙：蜥蜴与人类文明 /（美）博里亚·萨克斯著；沈汉忠译. — 北京：清华大学出版社，2021.11
　　书名原文: Lizard
　　ISBN 978-7-302-59445-1

　　Ⅰ. ①四… 　Ⅱ. ①博… ②沈… 　Ⅲ. ①蜥蜴科—普及读物 　Ⅳ. ①Q959.6-49

中国版本图书馆CIP数据核字（2021）第218923号

责任编辑：肖　　路
封面设计：施　　军
责任校对：欧　　洋
责任印制：沈　　露

出版发行：清华大学出版社
　　　　　　网　　　址：http://www.tup.com.cn, http://www.wqbook.com
　　　　　　地　　　址：北京清华大学学研大厦A座　　**邮　　编：**100084
　　　　　　社 总 机：010-62770175　　　　　　　　**邮　　购：**010-62786544
　　　　　　投稿与读者服务：010-62776969, c-service@tup.tsinghua.edu.cn
　　　　　　质量反馈：010-62772015, zhiliang@tup.tsinghua.edu.cn
印 装 者：小森印刷（北京）有限公司
经　　销：全国新华书店
开　　本：130mm×185mm　　**印　张：**5.25　　**字　数：**109千字
版　　次：2022年1月第1版　　　　　　　　**印　次：**2022年1月第1次印刷
定　　价：49.00元

产品编号：087965-01

目　录

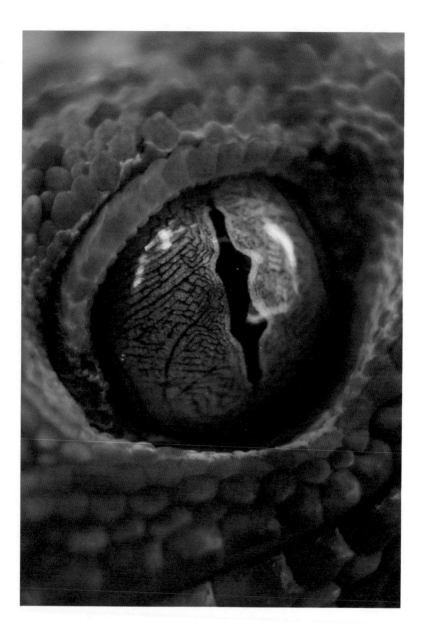

第一章　什么是蜥蜴

诗歌创作就像试图抓住一只蜥蜴，却不让它的尾巴掉下来。

劳伦斯·杜雷尔（Lawrence Durrell）

像老虎、大象和熊猫这样的"大型动物"总是能吸引我们的眼球，但往往蜥蜴才是我们幻想的来源。我们会把蜥蜴想象成庞然大物，给它们插上翅膀，让它们口吐火焰。我们的儿童故事书中不乏蜥蜴的身影，但我们却把它们叫作龙、蛇、恐龙、怪物，等等。我们总是低估了真实的蜥蜴，却又在幻想中对其添油加醋。这就像我们常常把明星当作神来崇拜，却不承认他们也是"人"。明星哪怕出现在街角的商店，也会有人把他们的照片上传到网上，然后粉丝们会对他们的衣服、体重和同伴品头论足。通过龙来认识蜥蜴，和通过明星来了解人性一样荒谬。

什么是"蜥蜴"？提到蜥蜴，人们往往会联想到一种小而细长的生物，有着非常柔软的身体和长长的尾巴。这种联想通常是准确的，但在印度尼西亚的一些岛屿上发现的科莫多巨蜥身长可达 3 米。分布在美洲西南部和墨西哥的短角蜥有着圆滚厚实的躯干，常被人误认为蟾蜍。蜥蜴有非常多变的图案和颜色（后文会详细解释），许多种蜥蜴甚至可以根据它们的情绪或周围的环境改变体色。有些蜥蜴还长着各种簇毛、冠、棘、垂皮（喉袋）和角。

有些种类的蜥蜴能够无性繁殖，有的还保留着退化的第三眼（颅顶眼）。许多种蜥蜴在被追捕时，会甩掉部分尾巴。脱落的尾巴扭个不停，分散了捕食者的注意力。有些蜥蜴可以用两只脚行走，甚至依靠双脚掠过水面。蜥蜴看起来是如此多姿多彩、无所不能。由于这类生物的形态变化如此广泛而难以捉摸，因此过去人们把蝌蚪乃至蝎子等生物都统称为"蜥蜴"。

我们现在很难确切知道在古籍当中描述的物种究竟为何。在《圣经》的耶路撒冷译本中，蜥蜴被列为"智者中最聪明"的生物之一，"你也许能够把蜥蜴抓在手里，但它却是王宫的常客"（箴言 30 篇：28）。该译本把希伯来语单词 semamit 翻译为"蜥蜴"，但许多其他版本的《圣经》，包括钦定版《圣经》，将这个词翻译为"蜘蛛"。亚里士多德著作的译者通常将 saurion 翻译为"蜥蜴"，但原文指代的对象肯定要具体得多。亚里士多德指的可能是在希腊很常见的普通壁蜥，也可能是任何与它们非常相似的生物。

许多物种的名称在诺曼征服之后进入英语中，蜥蜴的单词 lizard 也是其中之一。它来自高卢语 lesard，而后者来源于拉丁语 lacertus，意思是"肌肉"。我们还不清楚这种演变的缘由，也许这个词原本指蜥蜴的体形——中间较厚，两端逐渐变细。相较而言，古英语中指代动物的名词如今变成了"生物"的意思，而法语中的 animal 原本指的是食物。因此，我们用古英语中的"猪""小公牛"或"母

Taf. 150.

1. 变色龙（Chamaeleon mitratus.）
2. 飞蜥（Draco volans.）
3. 豹纹守宫（Platydactilus guttatus.）

牛"来指代农场里的动物，而"猪肉"和"牛肉"则是古法语中的词，用来指代它们在餐桌上的样子。但是，由于蜥蜴只在拉丁美洲、非洲、近东和大洋洲的一些地区被广泛食用，因此古英语中没有这个词。

> 古英语中 lizard 一词成了爬行或滑翔动物的统称，这些动物当时主要是通过联想来大致区分彼此的——比如毒蛇、蜥蜴类和龙，等等。当时并没有客观的标准能够区分这些生物。一位 13 世纪英国动物学家写道："世界上存在着许多蜥蜴类生物，比如博特罗（可能是蝌蚪）、蝾螈和水蜥。"

在很大程度上，生物分类遵循的是人类文化的分类模式，而分类工作者会毫不犹豫地将道德和社会因素纳入分类标准中。在西方文化中，将两种动物放在一起形成对比，几乎总是对其中一方不利：带来和平的鸽子和带来厄运的乌鸦、忠犬和野狼、可爱的小老鼠和恶毒的大田鼠，等等。同样地，人们经常把蜥蜴同蛇放在一起作对比。

很多时候，这两种生物都被统称为 serpent，然而蛇通常比蜥蜴毒性更强。许多蛇以哺乳动物为食，而蜥蜴大多数吃的是无脊椎动物。此外，蛇没有眼睑，它们凝视的目光让人觉得来势汹汹，但大多数蜥蜴的眼睑可以从下而上闭合，显得不那么吓人。在许多传说故事中，蛇只用瞪一眼就能杀死或催眠猎物。英国牧师爱德华·托普塞尔（Edward Topsell）在 17 世纪中叶出版的一部著作中写道，蜥蜴与其他毒蛇的区别在于它们对人类更加友好。当人们在野外露宿时，邪恶的蛇会悄悄地爬进他们的嘴里，但蜥蜴通过挠人脸颊的方式发出警告。这里描绘的蛇显然是一种略显世俗化的魔鬼形象，而蜥蜴则如同守护天使一般，成为善良的化身。这位牧师在写作时想到的应该是绿蜥蜴，一种在南欧大部分地区相当常见的蜥蜴。然而在其他地方，托普塞尔将鳄鱼和蝎子也列为蜥蜴，而这些动物显然是没有什么好名声的。

当动物分类逐渐变得更加系统化以后，蜥蜴的定位就让人觉得十分困惑了。奥利弗·戈德史密斯（Oliver Goldsmith）在 1774 年出版的《动物自然史》中写道：

> 要说蜥蜴与自然界的哪一类生物有亲缘关系，确实不是一件容易的事情。如果把它们归为兽类会显得不公正，因为蜥蜴会生蛋，而且不长毛；但又不能把蜥蜴归为鱼类，毕竟它们中的大多数生活在陆地上；而蜥蜴有脚能奔跑，也不能归为蛇类；它们更不是昆虫，两者的大小相差很多；不过鳄鱼倒很像是一种可怕的蜥蜴。因此，蜥蜴不属于上述任何一类生物，尽管蜥蜴多少体现出这些生物的特性。

换句话说，蜥蜴分类的谜团，几乎让整个动物分类系统陷入混乱之中。蜥蜴似乎成了整个动物世界的缩影。

人类学家玛丽·道格拉斯（Mary Douglas）把蜥蜴称为"不符合宇宙规律的模糊且不可归类的元素"。按照她的理论，人类文化赋予了蜥蜴一种介于神圣和邪恶之间的神秘力量。但人们普遍认为，蜥蜴远不如蛇那么神秘，尽管二者在外观上有许多相似之处。在西方文化中，世界上的每一条蛇都与《圣经》中伊甸园里的毒蛇有关，但蜥蜴却没有类似的典型象征。

蜥蜴和蛇的对比似乎不只局限于西方。在世界文化中，

J. 格兰德维尔（J. Grandville）在《隐秘和公开的动物百态》(Scènes de la vie privée et publique des animaux, 1842) 中的插图。该图中蛇因为杀死一只蟾蜍而被众多动物审判。形成鲜明对比的是，审判官是一只"文明"的蜥蜴。

Plus on avance, moins on pénétre l'horrible mystère dont l'infortuné crapaud a été victime.

安托万·弗朗索瓦·普雷沃（Antoine François Prévost）和雅阁·尼古拉斯·贝林（Jacques Nicolas Bellin）在《航海通史》（Histoire générale des voyages，1750）中的插图，展示了各种有毒的爬行生物。在 18 世纪中期，包括蝎子、穿山甲和毛虫在内的各种生物都被认为是"毒蛇"。

蜥蜴通常被归为"隐蔽的门类"，它们是一类相互联系但没有明确名称的生物。不过经过修正以后，道格拉斯的理论在很大程度上也许是正确的。正因为蜥蜴在全世界并没有非常一致的意象或联想，因此人们在描绘蜥蜴时充满了各种奇思妙想。相比其他动物而言，世界各地的神话传说都不乏蜥蜴的身影。比如龙是许多种蜥蜴融合成的单一意象。

纽约81街地铁站的两幅马赛克作品,该地铁站位于美国自然历史博物馆周边。第一幅作品描绘的是一只蛇怪蜥蜴,背景则是一只霸王龙;第二幅作品描绘的是一条趴在恐龙尾巴上的蛇,两幅作品似乎在展现如今的动物生活在其祖先的阴影中。这些马赛克作品提醒我们,同样的形态是如何在常见生物中复现的。

　　对蜥蜴进行分类如此困难的原因之一是,它们在演化上的亲缘关系并不总是一个推断某种动物外观或生活习性的优良指标。由于生物趋同演化的原因,原本亲缘关系并不密切的物种,在类似的生存环境中,往往会发展出相似的形态特征。比如蝙蝠、鸟类、蝴蝶、飞鱼和飞蜥都能用翅膀滑翔,尽管它们属于不同的门类。鼠海豚和鲸鱼的外观与鱼类大同小异。而乌鸦、鹦鹉和鼠海豚的智力可与灵长类匹敌。蝾螈和变色龙都能迅猛地伸出舌头捕食昆虫——其长度约为身体的一半甚至更多（如变色龙的舌头）——然后把猎物卷进嘴里。血缘只是亲缘关系的一种，而且并不总是最重要的那种。

我们所熟悉的蜥蜴的形象，曾多次出现在其他物种的演化过程中，比如恐龙、两栖动物和现代爬行类动物。甚至偶尔在哺乳动物中也能发现蜥蜴的影子。穿山甲就是一个典型例子。这是一种以蚂蚁为食的哺乳动物，浑身长满鳞片，会爬树，主要分布在非洲和亚洲的部分地区。另一种发现于美洲的类蜥蜴哺乳动物犰狳，有着形似鳞片的坚硬花纹外壳，以及一条长长的、由粗变细的尾巴。那么，我们是否应该像 18 世纪和 19 世纪初的人们那样，把穿山甲或犰狳称为"蜥蜴"呢？和其他事物的分类一样，动物分类其实是一个效用问题，而非对错的问题，所以上述疑问的答案取决于我们的目的。虽然把穿山甲归类为蜥蜴是符合逻辑的，但这种分类是基于形态而非演化遗传。

林奈（Linnaeus）将爬行动物和两栖动物都归为两栖纲。直到 19 世纪初，生物学家才意识到二者之间区别的重要性。1825 年，法国生物学家皮埃尔·安德烈·拉特雷耶（Pierre andré Latreille）把二者归入不同的类别，不久后理查德·欧文（Richard Owen）、托马斯·亨利·赫胥黎（Thomas Henry Huxley）等人也将二者拆分开来。这意味着以前被称为"蜥蜴"的生物突然被分成了两组。可以说，大约一半的蜥蜴，突然被"分离"了。

G.H. 冯舒伯特（G.H. von Schubert）所绘插图，出自《针对学校和家庭的动物王国自然史》（*Natural History of the Animal Kingdom for School and Home*, 1869）。维多利亚时代的人们沉醉于各种奇异生物，尤其是那些无法归为传统类别的动物。从左上角开始顺时针方向，这些动物分别是犰狳、树懒、鸭嘴兽、体形巨大的食蚁兽和穿山甲。

（对页）奥利弗·戈德史密斯（Oliver Goldsmith）绘制的插图，出自《栩栩如生的自然史》（*History of Animated Nature*, 1774）。由于那长长的尾巴和鳞片，犰狳在当时被认为是蜥蜴。尽管犰狳是新世界（指南北美洲大陆）的动物，图中的这只却位于古希腊罗马神庙的废墟旁，也许创作者是为了将尘世的短暂壮美和自然的美丽永恒进行对照。

这在科学术语和朴素观念之间打开了一个缺口，这一缺口甚至比动物学家决定将鲸类视为哺乳动物而非鱼类还要巨大，也更突然。这两种分类的变化都预示了达尔文的演化论，尽管这种变化并非完全没有先例，但很快就成了信仰和科学之间紧张关系的焦点。特别是在19世纪末和20世纪初，世俗的观念通常与宗教一致，虽然基督教和科学一样，充满了深奥的概念。赫尔曼·梅尔维尔（Herman Melville）在《白鲸》中表达了类似观点——他在书中援引《约拿书》来论证鲸鱼是一条鱼。

当林奈在1735年出版《自然系统》时，分类学从一个偶然的、非正式的活动变成了一个有很大争议的科学分支。19世纪中期的生物学家以各种方式给动物分类，但几乎所有的生物学家都将爬行动物和两栖动物归入不同的

De Seve del.   J.º Taylor sculp.

The Armadillo.

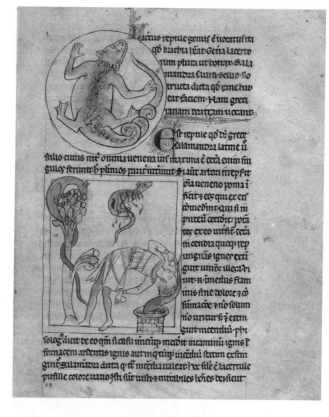

《蜥蜴和蝾螈》（A Lizard and Salamanders，1250—1260），手稿插图。蜥蜴（上方）被描绘成水属性的生物，而蝾螈（下方）则是火属性。其中一只蝾螈喷出的高温"火焰"，让一名男子吓得退缩。

类别，这种分化一直持续到了今天。两栖动物通常会经历变态发育，如蝌蚪到青蛙。它们在生命中的某个时期生活在水中，用鳃呼吸；某个时期又生活在陆地上，用肺呼吸。爬行动物大多生活在陆地上，只通过肺呼吸。两栖动物的皮肤通常无比光滑，湿润透水，而爬行动物的皮肤较为干燥，通常有鳞片覆盖。从演化的角度来说，相较两栖动物，爬行动物其实更接近哺乳动物。

然而对于外行观察者来说，许多两栖动物和蜥蜴之间的相似之处比差异更明显。在大多数情况下，二者细长而弯曲的身体一直延伸到尾巴；二者都是外温性（冷血）动物，平日里常贴着地面爬行，身体会在摇摆前进的过程中有节奏地起伏。鱼和鲸鱼外形相似是因为趋同演化，然而这并不是壁虎与蝾螈如此相似的原因。这两种冷血动物的基础形态也许可以追溯到大约3.2亿年前的某个共同祖先，自那以后爬行动物与两栖动物便开始分化。值得注意的并不是基础形态的复现，而是该物种在如此漫长的时间内仍然保持着相对不变的形态。

　　那个时期把爬行动物和两栖动物分开，并没有引起很大的轰动。尽管它挑战了林奈将各种动物划分为离散单

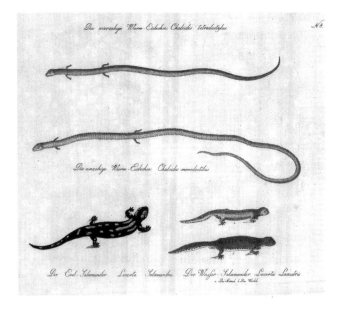

自然历史博物馆插图，J.C.布罗德曼（J.C.Brodtman，1816）。本书中的石龙子和蝾螈被归为一类，也许是因为它们的身体都很灵活。

13

"爬行动物"，出自一本自然史书籍（1860）。在这张图创作的时候，爬行动物和两栖动物的分类问题仍然存在争议。本书中被归类为爬行动物的包括两条蛇、两只蜥蜴、两只青蛙、一只蟾蜍和三只蝾螈。

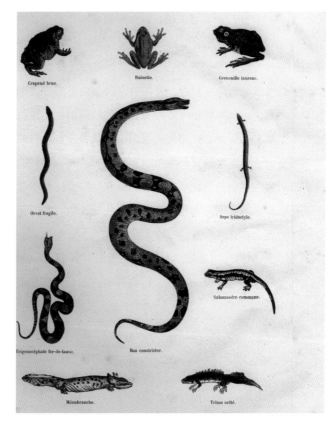

位的做法。而林奈这种体现上帝永恒意志的分类方法，似乎与另一种自然法则相协调，即所谓的"伟大的生物链"。当时的主流观点是，生物链中的有机体大多是垂直分布的，所有生物都在朝着完美的方向不断进化，站在进化顶点的则是一种陆生生物——人类。但最终人类的归属仍然是天使、大天使和上帝。根据这一模型，各种动物之间的界限是不断流动的，各类别的动物会相互融合。在18世纪末，

托马斯·彭南特(Thomas Pennant)在谈到穿山甲时写道:"这些动物非常接近蜥蜴属,它们足以成为连接四足动物和爬行动物生物链中的一环。"动物的各种智力系统——其中有些相当复杂——试图将这两种分类方法结合起来,而这需要建立一个层次化的分类模型,从植被到鱼类,从昆虫到蜥蜴,最终把人类也囊括进去。

奥利弗·戈德史密斯（Oliver Goldsmith）绘制的"穿山甲"，出自《自然动物史》（1774）。戈德史密斯把穿山甲和犰狳归类为"有鳞动物"。他在书中评论道：穿山甲通常被认为是蜥蜴，但它们生育幼崽的方式却和哺乳动物一样。

De Seve del.   If. Taylor sculp.

The Pangolin.

这在实践中意味着，其他生物的分类，乃至评价的基础都源自它们与人类的异同。人类的每一个特征，如生活在陆地上，流淌着温暖的血液或用两条腿走路，在动物王国中都成了一种"进步"的象征。两栖动物从爬行动物中分离出来，实际上是被"降级"了，但原本的排序原则丝毫没有受到影响。大多数两栖动物在水中度过生命的早期阶段，可以把它们当作"鱼"，而它们的生命后期在陆地上度过，因此可以认为它们是"蜥蜴"。这一事实似乎能够证明等级结构确实存在，因为它展示了从原始生命到更复杂生命的形态变迁。因此"蜥蜴"不再是一个简单的类别，更多的是一种形态模式，一种动物可能在不同程度上或在其生命周期的某个阶段遵循的形态模式。

就日常生活而言，不同文化在描述生物的所属类别方面都比较稳定。动物学家布伦特·柏林（Brent Berlin）坚持认为，生物的分类基于其内在属性，与实际用途或象征意义无关。有些类别的生物，如树木或鸟类，有着非常独特的形态特征，使得它们能够从周围环境中脱颖而出。但在过去几个世纪里，科学名词已变得愈发脱离我们的直觉。"鱼"这个词在日常谈话中仍然很容易理解，但已不再有任何科学意义。

科学家们不再像18世纪到20世纪初那样，根据一些特征对生物进行分类。事实上，他们使用的是基于海量特征（多达数百个）的数据库。而这些特征是由计算机生成的相似度指标。现在流行的分类模型是遗传分类学，由德国昆虫学家维利·亨尼希（Willi Hennig）在20世纪中期提出，并由朱利安·赫胥黎（Julian Huxley）推广。遗传分类学认为，生物的分类应遵循生物演化过程，而后者是一棵分权树。物种分类的单位是"分化支"，由拥有共同祖先的所有生物组成。实证派的遗传分类学者认为，像"属"和"种"这样的传统分类方法现在已经过时，因为生物可以简单而精确地根据"分支图"或演化树上的位置来确定。其他动物学家则认为，在传统分类法中起重要作用的直觉对生物学仍然是有价值的，其作用也许可以类比于医学中的移情。

野外观察指南或宠物主人手册这样的书籍通常使用的是过时了几十年的分类法。这些书的作者不一定对最新的方法一无所知，只是旧的分类更简单、更直观而已。以动物为主题的书籍当中，除了那些专业性很强的作者以外，在分类问题上采用的多是折中的办法，根据上下文，作者会用"物种"或"分化支"这样的词汇来表示。

如今，"蜥蜴"一词和"鱼"一样，成为了"民间分类学"的一部分，因为它并没有出现在任何分类体系中，而且流行用法并不总是遵循生物术语的学术规范。为了避免过度混淆，关于动物的通俗书籍会尽量和科学术语保持一致，但这些出版物彼此并不一致。"蜥蜴"一词最为严格的用法，仅用于指代蜥蜴科的成员，这些生物有时也被称为"真正的蜥蜴"。这是一群体形较小的物种，在地中海地区特别常见。它们那纤细柔软的身体，几乎囊括了"蜥蜴"一词

Sirene tiré de Barbot

Poisson armé d'une Corne
Aigüe tiré de Barbot

Poisson volant
tiré de Kolben

Cheval marin
tiré de Brasier

Dorade tiré de Kolben

Ston Brassem

Lyon de Mer
tiré de Kolben

Raie du Cap tirée
de Kolben

Cheval de Riviere nommé Vache marine au cap

Ventre de la Raie du Cap.

T V N.° XXV.

代表的所有内涵。

很多书都认为蜥蜴和蛇一样，都是有鳞目的成员。有鳞目即有鳞的爬行动物，该目包括 9000 多个已知物种。蚓蜥也属于这个目，虽然它看起来像蛇，但在解剖学上更接近蜥蜴，它们有时被非正式地归入两类。让事情更复杂的是，它们的移动方式又像昆虫一样。此外，"蜥蜴"一词也常用于指代鳄鱼和斑点楔齿蜥，以及其他几种根本不属于有鳞目的动物。

在本书中，我会结合科学术语和通俗用语来命名各种蜥蜴。不过在所有条件相同的情况下，我更喜欢通俗用语。口语化的名字听起来往往更生动，而且能够将这些动物同自然和人类社会的联系更清晰地展现出来。物种的俗名已经自发地使用了几十年，甚至几个世纪，并已融入人类的社会历史中。科学术语在某些方面就显得有些刻意，因为它们通常是由个人或某个团队提出的。科学术语既不是天生的，也不是社会建构的，而是由权威授权的。俗名的使用方式也许会产生歧义，但科学术语也无法幸免，有些物种的学名往往在严肃的辩论中也备受争议。

动物的俗名，通常能够传递一些"听觉信息"。我们甚至能够通过一个词的发音隐约感知其所指物种的大小、外形、运动能力等特征。蜥蜴的英文单词 lizard 不仅发音洪亮，而且很有节奏感，不禁让人联想起某种体形小巧、步态轻盈、移动灵敏的生物。蜥蜴具有超越其分类地位的原始品质，是从岩石海岸到沙漠再到雨林，蜥蜴能够融入许多环境中。正是由于这种无与伦比的适应能力，它们成为了许多类比和隐喻的灵感源泉。它们流畅的动作让人联想到水，而弯曲的姿态则让人联想到植被。它们静如死寂，而突然爆发的动作则仿佛死而复生。

我决定冒险放弃实证派的精确要求，主张"蜥蜴"这个词代表某种模式：这种模式可以遗传，但也可能通过趋同演化体现出来。除了蛇之外，我会把重点主要放在有鳞类动物身上，但任何看起来"像蜥蜴"的东西，从恐龙到太空外星人，都不会被完全排除在本书的讨论范围之外。

第二章　蜥蜴的多样性

正午时分，沙漠里一只蜥蜴气喘吁吁地等待着历史的见证……

威廉·E. 斯塔福德（William E. Stafford）"在炸弹试验场"

动物学家已经统计了大约 6000 种蜥蜴，即使其中排除了鳄鱼目，也还是远远超过所有其他爬行动物种类的总和。如此庞大的物种数量，在多样性方面足以媲美人类文化了。虽然人类和蜥蜴都有着惊人的适应能力，但二者的实现方式截然不同。人类能够改造生存环境，而蜥蜴则适应了非常特殊的小生境。尽管蜥蜴在基本形态上彼此相似，但它们有着令人眼花缭乱的颜色、纹理和装饰。它们已经适应了新的环境，演化出不同的运动方式、食谱、体形、习性、感官、睡眠模式和觅食方式。许多极具特色的物种聚集在某座岛屿或类似的封闭生境中。特化后的蜥蜴最大限度地减少了与其他生物的竞争，不仅不会对后者造成威胁，甚至能够增强后者的生态系统，所以也许蜥蜴可以教给我们一些与环境和谐相处的知识。

蜥蜴和其他动物一样，在以下 3 个层面能够启发人类：常识、科学和想象力。将这 3 者有机结合起来，这仿佛是一场永无止境的谈判。但对蜥蜴来说，困难不止于此。蜥

蜴在气候寒冷的地区并不常见。它们喜欢的环境通常并不适宜人类居住。蜥蜴的栖息地要么非常潮湿，比如森林中腐烂的原木下的土地；要么过于干燥，比如沙漠中的洞穴。蜥蜴隐秘的行踪让人很难察觉它们的存在，这也给这群生物增添了几分神秘的色彩。虽然无法面面俱到，但本章重点展示了几种蜥蜴，以及它们最引人注目的一些特征。

　　除南极洲以外，每个大陆都有壁虎分布，这表明壁虎的谱系在大陆板块分裂之前就已经存在了，因此它们可能是最接近原始蜥蜴的生物。壁虎多样且独特的演化适应，即使是经验丰富的两栖爬行动物学家也会感到困惑不已。埃里克·R. 皮安卡（Eric R. Pianka）和劳里·J. 维特（Laurie J. Vitt）曾写道：

一种石像壁虎，原产于新喀里多尼亚。注意壁虎是如何用舌头清洗眼睛的。

23

如同雨刮器一般的舌头，充满黏着力的脚趾和尾垫，橡胶质的皮肤，疾如闪电的变色能力，每窝卵数量固定，以及夜间的啁啾声，这些都是壁虎在物种演化方向上的线索。事实上，壁虎的演化过程甚至有些超现实的味道。

壁虎能够黏附在垂直表面上，并自如行动，甚至头朝下爬行也没问题，这让科学家们困惑了几十年。研究人员猜测是某种胶水或吸盘在起作用，但这两种猜测都没有被证实。在20世纪60年代末，科学家们用电子显微镜才弄清楚壁虎是如何黏附在物体表面的。壁虎的趾垫（刚毛）上覆盖着微小的毛发，每根毛发大约有20根丝状突起，末端有钩。这些结构是如此精细，以至于它们能够通过分子间的范德华力，充分黏附在微观意义上不规则的物体表面，即使这些表面看起来非常光滑。这些趾垫紧紧地贴在物体表面，以至于壁虎无法直接抬起它们的脚，而是必须从边缘开始将脚掌撬开。人类目前尚未合成任何能够近似达到壁虎脚上刚毛效果的材料，但为了实现这一效果，研究人员发明了尼龙搭扣。这种尼龙搭扣相对粗糙，只能黏附在特殊设计的材料上，但也是基于类似的原理。

同样值得注意的是壁虎的眼睛，大多数壁虎不需要闭眼。壁虎通常在夜间觅食昆虫，这时它们的瞳孔通常是圆形的，但在白天瞳孔则缩小成一条垂直的狭缝。这让壁虎能够以一种稚气未脱的目光凝视周围，有种人类婴儿或外星人在看你的感觉。壁虎用舌头来清洁眼睛。它们甚至可能是 20 世纪中后期流行文化中常见的来自外太空的"小绿人"的原型。

壁虎虽然看起来很可爱，但作为宠物并不容易饲养，毕竟大多数壁虎可以轻松爬上培养箱的玻璃墙，甚至穿过天花板逃跑。有一个特别受欢迎的宠物品种叫作豹纹守宫，这是一种原产于中亚平原的壁虎，没有趾垫和刚毛，只有很小的爪子。这个名字可能是源自它们身上黄色的皮肤和棕黑色的斑点，但豹纹守宫与豹子的相似之处不止于此。与大多数壁虎不同的是，豹纹守宫能够把它的直腿高高抬起。和豹子一样，豹纹守宫也是捕食者，不过后者的捕食对象是昆虫，主要依靠黑暗的环境和潜行技巧进行捕食。

相较其他蜥蜴多样的形态，壁虎的外观相当一致，尽管也有少数例外。非洲西南部的纳米比亚沙壁虎已经演化出蹼足，使它们能够在沙漠中滑行，就像在水中游泳一样。我们甚至可以通过它们细腻的皮肤看到内脏和眼睛。即使就壁虎而言，它们眼睛与身体的比例仍然大得异乎寻常。这让沙壁虎看起来就像天外来客。

马达加斯加森林中壁虎的伪装很好地展示了蜥蜴是如何把特化推向极致的。比如木纹叶尾壁虎就能够伪装成剥落树皮的颜色和结构。它头朝下垂直地趴在树干上，看起来和树皮几乎一样。地衣叶尾壁虎能够把自己伪装成一团地衣和苔藓。地衣叶尾壁虎还有一个体形娇小的"亲戚"，叫作撒旦叶尾壁虎，很容易被人误认为是秋天的叶子。

最近几年，一只满口伦敦腔的卡通壁虎 Geico Gecko

纳米比亚沙壁虎。注意它的蹼足在沙子上留下的圆形足迹。

透过一片树叶拍摄的壁虎的剪影，注意那外形突出的趾垫。

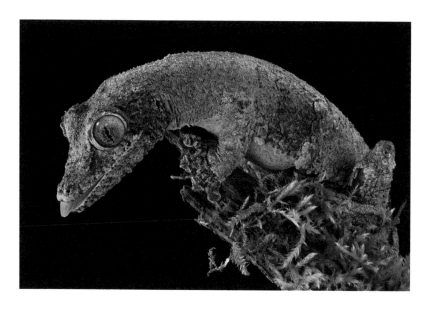

成了广告业的香饽饽，这只吉祥物在美国可是家喻户晓的存在。它能像人一样直立行走，用前腿作为手臂，但从不吃昆虫，也不会爬墙。作为一个意外保险的推销员，它的大眼睛有助于唤起人们的同理心，而它幽默的表演很容易让人放下对保险推销的芥蒂。壁虎是唯一一类拥有声带的蜥蜴，壁虎的英文名字"gecko"可能源自它们整夜模仿其他生物叫声的行为。保险公司 Geico 最初在广告中使用壁虎，主要是因为公司名称和壁虎的英文 Gecko 恰好发音相似，有一定的幽默效果。但逐渐地，公司员工和公众也逐渐喜欢上了这只壁虎的形象。

　　蜥蜴随着泛古大陆的分裂而逐渐分化成不同的物种，这一过程始于 2 亿年前，并且整整持续了 1.35 亿年。与蜥

马达加斯加岛的雌性地衣叶尾壁虎，伪装成长满青苔和地衣的树枝。

蜴亲缘关系最紧密的科是拉丁美洲的鬣蜥科，非洲、欧洲、亚洲和澳大利亚的飞蜥科，以及北美的安乐蜥亚科。鬣鳞蜥是色彩最丰富、形态最夸张的蜥蜴。它们华丽的配色和夸张的冠，无不透露着一种充满野性的拟人色彩。它们表现出高度的性二型现象。与大多数鸟类一样，最精致的装饰都长在雄性身上，用来向雌性求偶炫耀。在许多物种中，雄性在交配季节体色会变得更加明亮。

当蜥蜴在好莱坞的恐怖片中成为恐龙、恶龙或外星人的化身时，它们几乎总是以鬣蜥的形象出现。蜥蜴会做"俯卧撑"，大约是在向潜在配偶炫耀和威吓竞争对手。不同

虽然像鳍冠这样的特征似乎很有异国情调，但这只绿鬣蜥部分闭合的眼睛和姿势暗示着一种几乎与人类相同的深思熟虑。

在康涅狄格州诺沃克某个船展上出现的吉祥物 Gecko Geico。

种类、性别的蜥蜴，在不同环境中摇晃脑袋时的幅度、速度和顺序都不一样。这种蜥蜴彼此之间沟通的方式，也许和莫尔斯电码有着异曲同工之妙。在我们人类看来，点头表示同意，而这个动作出现在蜥蜴中，不禁让人觉得十分诡异。

这些蜥蜴中最著名的是绿鬣蜥，一种原产于墨西哥和

拉丁美洲的蜥蜴，在美国是一种很受欢迎的宠物，体长可达2米。这种蜥蜴的背上长着一排令人胆寒的刺，颈部还长着垂皮（喉袋）。另一种著名的鬣蜥是绿双冠蜥，发现于中美洲和南美洲热带雨林。这种蜥蜴的雄性有着高耸的鳍冠，包括头冠、背鳍和尾鳍，而尾鳍一直延伸到尾巴中部。绿双冠蜥大多是树栖的，但一般生活在水边，受到惊吓时会立马跳进水里。它能够用两条后腿在河面上飞奔，同时有力地挥舞着前肢和尾巴以保持平衡。

许多鬣蜥是天生的游泳健将，其中一些甚至游到了帕西岛。虽然岛上树木稀少，但它们学会了以长在地面的多肉植物为生。一种只在加拉帕戈斯群岛发现的鬣蜥——海鬣蜥——完全以海藻为食，是世界上少数几种水生蜥蜴之一。它有着突出的背鳍和部分发育的蹼足。和海豹一样，在不觅食的时候，海鬣蜥大部分时间都在岩石上晒太阳。

飞蜥科是一个在非洲、亚洲和澳大利亚都有亲缘物种分布的蜥蜴科，而它们适应环境的方式令人称奇。这个家族的生物可以说是古怪、奇异和矛盾的结合体。我们对这些奇珍异兽的迷恋从维多利亚时代一直延续到了今天。其中一种超乎寻常的蜥蜴是澳大利亚的皱褶蜥蜴（褶伞蜥），它的颈部周围撑开会形成很宽大的膜皱褶，从而通过增大体形来吓唬捕食者，之后它就会用两条前腿迅速爬到树上躲起来。另一种蜥蜴是发现于东南亚的飞蜥，从身体两侧的活动肋骨上伸展出大片的膜皱褶，使它能够从一棵树滑翔到另一棵树上。

（对页）一只双冠蜥在树枝上休息。如果在附近森林树冠里有任何风吹草动，这只蜥蜴就会落回地面，然后沿着水面逃走。

（对页）海鬣蜥在加拉帕戈斯的费南迪纳岛上晒太阳。

皱褶蜥蜴，出自一本18世纪的自然史书。

"飞蜥"，威廉·丹尼尔，《东方风景》（*Oriental Scenery*，1807）插图。这种飞蜥可以在高度损失最小的情况下，飞越半个足球场，然后优雅地着陆。

棘蜥，也叫澳洲魔蜥，原产于澳大利亚西部。这只蜥蜴身体的颜色和质地完全融入了周围粗糙的岩石土壤中。它那竖起的尾巴，行走的时候会左右晃动，就像风中摇摆的多肉一样。

　　也许最引人注目的是澳大利亚棘蜥，也有人把它们叫作澳洲魔蜥或澳洲刺角蜥，这是一种浑身被尖刺覆盖的蜥蜴。在干燥的环境中，它们能够利用盔甲上的缝隙将露水引导到嘴里。当受到天敌的威胁时，它会把头埋在沙子里，抬起尾巴，看起来就像一株沙漠植物。它的颈背上有一个圆形带刺的"假头"，用来分散潜在的捕食者的注意力。尽管棘蜥的英文名 thorny dragon 让人联想到某位迦太基的神（传说人们被迫把自己的孩子献祭给他），但其实棘蜥只吃蚂蚁。

　　鬃狮蜥也许是最受人们喜爱的飞蜥，在澳大利亚分布有几个种。它们的喉部有一排排、一簇簇的尖刺鳞片。它们的自然栖息地是灌木丛和沙漠，这些蜥蜴也锻炼出很强的适应力，因此十分容易圈养。鬃狮蜥身体较扁平，腹部边缘有尖刺。它备受欢迎的部分原因可能是那张宽大的嘴，看起来就像在朝人们开怀大笑。鬃狮蜥的皮肤通常是金色的，不过它们的颜色变化和肢体语言都很有表现力。

绿安乐蜥，原产于美国东南部和加勒比地区，集合了许多种蜥蜴的典型特征。和壁虎一样，它们的趾垫上有刚毛，这使它们爬树爬墙都很容易。绿安乐蜥有时也被称为"美国变色龙"，这个名字有些名不副实，毕竟它们从棕色到绿色都有。这些蜥蜴最显著的特征是它们宽大的垂皮。雄性的垂皮呈鲜红色或黄色。它们会上下拍打垂皮，闪现耀眼的色彩，以吸引雌性的注意。

原产马达加斯加的七彩变色龙。注意它那卷曲的尾巴，转塔般的眼睛，以及在静止中等待捕捉昆虫时蜷缩的身体。这一切都是为了避免打草惊蛇。雌性的垂皮要小得多，色调是温和而充满魅力的白色。

绿安乐蜥。

在纽约韦斯特切斯特县中心举行的爬行动物博览会上，一只澳大利亚鬃狮蜥紧紧抓住一个女孩的袖子。

科莫多巨蜥。

变色龙也许是最奇怪的蜥蜴，它们在马达加斯加岛上最为常见，但也分布于非洲、南亚和欧洲部分地区。七彩变色龙有着长长的尾巴，能够帮助它们黏附在树上。它们脚上的附肢分成两组，一侧有三根脚趾，另一侧有两根，两组朝向相反，从而让变色龙能够紧紧地抓住树枝。变色龙还会扩张和压缩自己的身体，调整重心，保持平衡。这使它们能够以缓慢但非常稳定的步态攀爬，尽管它们在地面上很笨拙。

它们不需要四处奔波，也没有理由这么做，因为它们是顶级的伏击捕食者。变色龙保持静止的时间长得令人难以置信，然后，它们会在 0.1 秒之内，以惊人的精度向昆虫伸出舌头。舌头伸出来能够达到体长的 2.5 倍以上。变色龙利用黏液和吸力将舌尖附着在猎物上，然后将昆虫卷回自己的嘴里。

变色龙眼睛的特殊构造让它们看起来就像天外来客，它们的两只眼睛能够独立旋转和聚焦，使这种生物能够同时看到两个方向，从而几乎囊括了 360 度的视野范围。只有当变色龙在追踪昆虫时，两只眼睛才会集中在一个方向，从而利用立体视觉来判断猎物的距离。

我们人类主要是通过视觉来确定自己的方位。人类通过视觉观察到的外部世界是一个单一的平面，因此我们很难想象一只变色龙眼里的世界是怎样的。变色龙的每只眼睛都可以视作一个独立的意识中心，类似于有一个独立个体在控制它。就像歌德的著名诗歌《浮士德》描述的那样，变色龙体内似乎住着"两个灵魂"。

一只七彩变色龙伸出舌头去抓蟋蟀。

一只假想的巨蜥，出自《自然奇观》（*Locupletissimi rerum naturalium*），作者阿尔贝图斯·塞巴（Albertus Seba，1734）。这位插画作者似乎察觉到这些蜥蜴有着共情的能力，它们的眼神几乎和人类一样。

　　人们往往对巨蜥科的成员又爱又恨，因为它们既是最可怕的蜥蜴，又是最像人类的蜥蜴。其他大多数蜥蜴都是食虫动物，但巨蜥会吃其他蜥蜴、卵、鸟类和哺乳动物。它们通过伸出长而分叉的舌头来捕猎，这种舌头不是用来吞食的，而是用来检测潜在猎物的化学气味。

　　此外，巨蜥的智力和适应力也十分杰出。巨蜥算是一个很奇怪的趋同演化案例，它们演化出一种与哺乳动物非常相似的神经生理反应。它们会以一种令人不安的方式和人类四目相对，眼神仿佛在威胁和着迷之间游移。在动物园里，巨蜥经常与饲养员产生情感联系，有饲养员表示它们喜欢被挠痒痒和抚摸。

这些蜥蜴中体形最大、最可怕的莫过于科莫多巨蜥，它只在科莫多和印度尼西亚海岸外的几个岛屿分布。科莫多巨蜥于1910年被首次发现，当时一名荷兰飞行员意外地迫降到科莫多岛。看到如此巨大的蜥蜴，这名飞行员最初以为他发现了恐龙的庇护所。这些蜥蜴的体长可达3米，主要以鹿等大型猎物为食，它们甚至会主动攻击人类。科莫多巨蜥的狩猎方式融合了"人类"的智慧和残忍。它们一口咬伤一只鹿之后便离开，而非立刻置对方于死地，直到猎物因唾液中的毒素生效和失血而倒下，然后再将猎物大快朵颐。

亚成的科莫多巨蜥会爬树，而成年以后的巨蜥则不会爬树。亚成的科莫多巨蜥之所以需要爬树，是因为成年科莫多巨蜥经常捕食亚成的同类，而亚成体除了上树之外很难再有其他逃跑的办法。尽管理性告诉我们这种行为很愚蠢，但每每想起这些庞然巨兽，我们还是会感到很可怕。虽然看起来无疑是残酷无情捕食者，但科莫多巨蜥并非没有情感。它们通常能够维持长久的配偶关系，被圈养的个体也能认出照料它的饲养员。

蜥蜴科的爬行动物（即正蜥蜴）很好地体现了我们对蜥蜴的所有认知。事实上，有人认为它们才是"真正的蜥蜴"。这些蜥蜴都有着纤细而灵活的身体，体形相对较小，反应灵敏，长着长长的尾巴，有各种各样的花纹和颜色，但都没有鬣蜥和其他蜥蜴那样夸张的外饰。然而，人们之所以把它们当作蜥蜴的模板，部分是因为它们在地中海地

区很常见，而那里是亚里士多德、盖伦和其他学者创建动物学的地方。地中海的普通壁蜥经常在岩石和墙壁上游荡，于是当地的画家在描绘希腊和罗马神庙的废墟场景时把它们也画了下来。

　　正蜥蜴会一动不动地趴在某处，就在人们误以为这不过是一具死尸时，受到惊扰的正蜥蜴会像施了魔法一般迅

41

速逃离；它们在捕食昆虫的时候行动也十分迅速。这些蜥蜴在非洲也很常见，原本作为宠物的蜥蜴被主人遗弃以后，便成为野生种群并扩散到世界各地。

和美洲以及西印度群岛的正蜥蜴亲缘关系最接近的是鞭尾蜥科的蜥蜴，如鞭尾蜥和树栖蜥，二者有着相似的流线型身材，占据相同的生态位。鞭尾蜥与正蜥蜴的区别主要在于前者有固定在颚骨上的实心牙齿。

裸眼蜥科蜥蜴基本上是鞭尾蜥的缩小版，主要分布在中美洲和南美洲热带雨林中，常见于树木基部的落叶下方。它们大多数都有透明的眼睑，即使闭上眼睛也能看到东西。但与壁虎不同的是，它们的眼睑也是能动的。鞭尾蜥科的蜥蜴形态各异，许多物种只分布在森林中的某一小片区域。

蜥蜴的另一个大科是石龙子科。这个科的成员通常四肢短小，躯干圆滚，尾巴很长，看起来就像蛇一般。这个科的大多数物种以掘出的洞为家，不过也有一些是水生或

一对正在交配的松果石龙子。也许你会想当然地把人类情感带入其中，因为看着这些石龙子的脸，很难否认其传达出的浪漫意味。

树栖的物种。在所有蜥蜴中，石龙子是分布最广，社会行为也最多样的一类。有些石龙子采用的是单配制，有一些甚至会照顾它们的幼崽，而这种行为曾经被认为是哺乳动物等所谓的"高等"动物所独有的。

　　其中最具代表性的是松果石龙子，这是一种体形较大、活泼好动的澳大利亚蜥蜴，浑身长着沉重的鳞片，尾巴较短。雄性和雌性松果石龙子交配后彼此分开，雌性在交配后 3 个月产下后代。第二年春天，石龙子双亲通过信息素联系彼此，并恢复配偶关系。它们可能会在长达 20 年乃至整个生命周期中维持这样的关系。如果其中一方在另一个配偶面前死亡，幸存的松果石龙子会小心翼翼地舔舐死亡配偶的身体。类似上述案例的动物行为还有很多，比如乌鸦会举行"葬礼"，大象会重访家族成员的遗骸。

吉拉毒蜥。这只蜥蜴弓着身子凝视前方，表明它正在准备捕食，也许它的目标是某只昆虫。

这些似乎都表明了动物身上拥有某种人性，而对这些行为的解释往往介于科学理性和民俗怪谈之间。多数情况下，事实往往和人们的臆想相左：这些爬行动物之间的羁绊，和亲代抚养其实并没有关系，因为幼崽刚一出生就要面临被抛弃的命运。然而，所罗门群岛上这些体形庞大、性情凶猛、尾巴盘卷的石龙子，会用有力的四肢和长长的爪子来保护自己的幼崽，让它们在生命的头一年免受野兽和猛禽的伤害。北美身材修长的五线石龙子在产卵后会用身体围绕着这些卵。这并不是在孵卵，而是在保护自家后代。

毒蜥科是由一群有毒的蜥蜴组成，它们都分布于北美，其中最著名的莫过于美国西南部的吉拉毒蜥，以及墨西哥和危地马拉的串珠蜥蜴。吉拉毒蜥体格相对结实，体长约 56 厘米，全身覆盖着大片的圆形鳞片，大部分时间在洞穴中度过。它们沉重的步伐与敏捷的正蜥蜴形成了鲜明的对比。由于捕食速度太慢，它们主要靠卵、腐肉、昆虫和小型鸟类或哺乳动物生存。在旱季，它们能够在地表之下休眠数月，依靠储存在尾巴上的脂肪维持生命。一场大雨过后，它们便会出没于人们意想不到的地方。

角蜥科的蜥蜴在沙漠中也十分常见，它们在中美洲和北美洲的大部分地区都有分布。其中最著名的是短角蜥，它是许多学校的吉祥物，也是美国得克萨斯州的非官方象征。因为它那圆滚滚的身形，有人也把它们戏称为"长角的癞蛤蟆"。它们头上有角，每片鳞片上长着数根尖刺。这种粗糙的质感，再加上略微红棕色的外表，让得州短角蜥几乎完美地融入沙漠的岩石土壤中。短角蜥是以蚂蚁为生的伏击型捕食者，捕食的时候会伸出舌头。它们甚至会从眼睛喷出血液来分散捕食者的注意力，这和美洲印第安人的祭祀习俗，以及基督教对殉道者的崇拜有着异曲同工之妙。墨西哥人把这种蜥蜴叫作 torito de la Virgen，意思是"小公牛"。

墨西哥的短角蜥蜴，出自《脊椎动物科普自然史图集》（ *Bilder-Atlas zur wissenschaflichen populären Naturgeschichte der Wirbelthiere*，1867），作者为利奥波德·菲辛格（Leopold Fitzinger）。

Fig. 21 a.

A TEXAS HORNED TOAD SMOKING A CIGARETTE—T18

20 世纪 50 年代初的明信片，上面有一只得州短角蜥在吸烟。时人喜爱这些蜥蜴也许是一件喜忧参半的事情，有时候人们过于"拟人化"这些蜥蜴了。

有些人不把鳄鱼算作蜥蜴，但如果把鳄鱼、短吻鳄、凯门鳄和加里亚鳄都排除的话，蜥蜴家族的成员就会大幅减少。这些鳄鱼分布于非洲、亚洲和美洲，主要生活在沿海地区和一些河流中。无论是古埃及人还是玛雅人，在他们的民俗传说中都不乏鳄鱼的身影。成年鳄鱼和短吻鳄的体长都超过 6 米，锋利的尖牙让这些生物显得尤为可怕。虽然人们认为鳄鱼是低等的生物，但它们以牛羚或猴子等大型哺乳动物为食，甚至偶有成年人和儿童被吃掉的案例。这让人们对鳄鱼的认知在两端摇摆——在神话传说中，鳄鱼往往徘徊在恶魔和神祇之间。

最后是新西兰的斑点楔齿蜥，虽然有时候人们并不把它们当作"蜥蜴"，但在许多方面，它们很好地体现了蜥蜴的诸多品质。在研究人员眼里，斑点楔齿蜥是不折不扣的"活化石"。在长达 2 亿多年的时间里，它们似乎没有什么变化。斑点楔齿蜥有着十分"原始"的外观，长得非常粗糙，鳞片覆盖全身，鳍冠一直延伸到它的背部。我们很容易想象斑点楔齿蜥、鳄鱼和恐龙生活在同一片土地上的场景。尽管斑点楔齿蜥在亿万年中发生了多少变化仍存在争议，但生物学家一直在尝试从它们身上寻找蜥蜴演化的线索，特别是和它最相近的鬣蜥。在过去的两个世纪里，斑点楔齿蜥只在新西兰海岸外的几个岛屿有分布，后来人们把该物种重新引入内陆，并成功繁衍。有报道称，斑点楔齿蜥对音乐很感兴趣，人们可以通过歌唱或演奏乐器来引诱它们出洞。

哪怕在几年以前，社会批评人士仍然将战争、暴力犯罪或恐怖主义归咎于人类所谓的"蜥脑"。三脑理论认为：脊椎动物大脑的演化是通过连生实现的，人类大脑分为三层连续的脑系统，每一层的大脑都在亿万年间不断积累。第一层是爬行动物大脑，也被称为"蜥脑"，它是攻击行为、求偶展示、守卫领地和社会等级分化的源头。第二层是脑边缘系统，也被称为"古哺乳动物脑"，它负责情绪表达、养育行为和更复杂的交际活动。最外一层是新皮层，即"新哺乳动物脑"，它是产生抽象思维、直觉和道德的场所。根据这一理论，每一层的大脑在运作时都有一定的自主空间，三者共同作用产生复杂的行为。西格蒙德·弗洛伊德（Sigmund Freud）最早提出了这一理论，保罗·麦克林（Paul

一副风格有点奇幻的短吻鳄插图，出自一本 18 世纪末的自然史书。这位画家画的显然是一只巨蜥，因为图片中动物的尾巴很长，身体也很柔软。注意它和霸王龙的相似之处。

McClean）在 20 世纪 60 年代初对该理论进行了充分的阐释，而后卡尔·萨根（Carl Sagan）在他 1977 年的畅销书《伊甸园之龙》（*The Dragons of Eden*）中充分宣传了该理论。

　　按照该理论，蜥蜴和其他爬行动物在精神层面其实是原始人类，它们只有人类大脑三层中的第一层。自大约 2.8 亿年前在演化中与人类祖先分离以来，爬行动物的智力几乎没有变化。该理论进入流行文化之后，许多关于如何与原始大脑进行谈判或绕过该层大脑的小册子便走进了千家万户。这一理论如今早已被证伪。因为该理论无法解释动物学家在几乎所有动物甚至植物中发现的各种各样的能力。比如新喀里多尼亚乌鸦能够制造复杂的工具，非洲灰鹦鹉具有非凡的语言能力。鸟类和某些鱼类以及爬行动物一样，也会照顾它们的后代，尽管这些动物并没有新皮层。人类所说的"智力"，在动物之间的分配水平比研究人员认为的要平均得多。

（对页）布莱恩·塔尔博特（Bryan Talbot）为漫画小说《格兰德维尔·诺埃尔》（2014）所绘的图。提比略·克尼格（Tiberius König）所绘的《罪犯拿破仑》讽喻插图展现了所谓的"蜥脑"。

　　由于认知心理学的发展，我们对许多动物已经有了新
的认识，从狗到乌鸦再到章鱼，等等。但到目前为止，我
们对蜥蜴仍然知之甚少。不过这种情况正在发生变化。杜
克大学的曼努埃尔·S. 利尔（Manuel S. Leal）最近的实验
表明，在美国东南部和加勒比地区发现的树栖蜥蜴表现出
比预期更强的适应性。利尔把一只美味的幼虫放在盖着盖
子的洞里。安乐蜥通常会从上方扑向猎物，但在本次实验
场景中，这种做法已行不通了。在 6 只受试蜥蜴中，有 2

只放弃了眼前的美食，但也有 2 只用嘴从边缘掀起盖子，还有 2 只用鼻子撬开了盖子。约翰·菲利普斯在圣地亚哥动物园的实验表明，巨蜥可以数到 6。经过训练的巨蜥在测试房间里最多能够遇到 6 只蜗牛，其中 1 只蜗牛被移走以后，巨蜥会去寻找消失的食物。不过，用为人类、狗或黑猩猩制定的标准来衡量蜥蜴的能力并不合适，它们拥有许多哺乳动物无法比拟的能力。

鬣蜥和斑点楔齿蜥有一个不可思议的特征便是头顶上有退化的第三眼或顶眼。该眼在亚成体中是清晰可见的，成年后顶眼就被皮肤和鳞片遮住了。顶眼的视力并不足以让蜥蜴看清物体，但区分昼夜应该是足够了，因此它们可以通过顶眼控制日照时间来调节体温。

一只斑点楔齿蜥。粗糙的背脊和皮肤让它们看起来充满野性原始的味道。在这张照片中，额头上的顶眼几乎已经看不到了。

鞭尾蜥的插图，出自《自然奇观》（1734），作者为阿尔贝图斯·塞巴。蜥蜴为了躲避捕食者而选择断开部分尾巴，因此有时它们会长出双尾，就像这张图中展示的那样。

蜥蜴的顶眼与许多亚洲神灵的第三眼有着惊人的相似之处。顶眼与松果体相连，而后者存在于大多数脊椎动物大脑内，似乎在昼夜节律的激素调节中发挥作用。笛卡尔认为松果体是灵魂所在，东西方的许多传统观念都将松果体与高等意识联系在一起。

天眼在禅定佛像的绘画或者雕塑作品中尤为常见，而佛像打坐也能够呼应蜥蜴一动不动的样子。佛像天眼的起源十分古老，今天我们已经无法追溯它最初的灵感是否来自顶眼。不管源头为何，无疑天眼代表着窥见精神世界的能力。

好几个科的蜥蜴都有着非凡的断尾能力，这种能力也存在于某些蝾螈、斑点楔齿蜥和蛇身上。正蜥蜴或其他蜥蜴的尾巴在被丢弃后仍然保持着活力，从而在蜥蜴逃跑时分散捕食者的注意力。之后一条新的尾巴立即开始生长，尽管它的特征可能与原来的不同。如果捕食者没有选择把尾巴吞进肚子里，蜥蜴可能会回过头来吃掉这条断尾。饲养手册通常会建议宠物主人在养育蜥蜴时要细心呵护，因为如果感到压力，它们的尾巴可能会在主人的手中折断，这也许不会对蜥蜴造成很大的伤害，但可能会让主人感到非常不安。

　　有几种蜘蛛纲动物，其中最著名的是长腿蜘蛛，也会折断一条腿，作为给捕食者的礼物。然而，这种行为最常见的还是植物，它们没有动物那么复杂集中的组织，可以很轻易地去掉叶子或果实，然后在一年内重新生长出来。古典人类学家沃尔特·伯克特（Walter Burkert）认为，人类社会也不乏类似于牺牲尾巴或其他身体部位的行为，比如宗教献祭、寻找替罪羊和殉道者等。在世界各地的文化中，向神供奉祭品尤为普遍。在北欧神话中，当众神的未来受到威胁时，众神之王奥丁挖出自己的一只眼睛，扔到一条小溪里，以换取先知的智慧。上述这些案例都有一个

长着两条尾巴的绿蜥蜴。

共同点，即牺牲个体或更大群体的一小部分以拯救其他个体 / 群体。尽管许多蜥蜴并没有什么存在感，但它们的例子可能对人类文明的基础有着重要的影响。正蜥蜴及其近亲的许多特征也许会唤起人们对古代祖先的记忆，那时的人类与动物世界的交集远比今天广泛，而人类往往是猎物而非猎食者。

这些蜥蜴的另一个异常特征是孤雌生殖，这是一种雌性生物在没有雄性受精的情况下分娩后代的生殖方式。我们在几种正蜥蜴（如某些高加索岩蜥）以及一些鞭尾蜥（如新墨西哥鞭尾蜥）中发现了这种能力，甚至偶尔在科莫多巨蜥中也有孤雌生殖现象。有时两种亲缘关系很近的蜥蜴交配后，也会发生孤雌生殖现象。两种亲缘关系很近但属于不同物种的哺乳动物产生的后代，如公驴和母马所生的骡子，通常是不育的。相比之下，两种正蜥蜴交配产生的后代却是有生育能力的，但它们的繁殖方式不再是有性生殖。这些后代全都是雌性，并且数量增长非常快。然而，由于整个种群的基因都是相同的，这些新物种几乎没有任何能力适应不断变化的环境，很容易因为某种新型疾病或气候变化而死亡。

孤雌生殖在微生物和植物中也很常见，还有一些昆虫，如蚜虫，以及某些蛛形纲动物，如蝎子也有这种现象。许多文化和宗教传说中，都有类似于童女生子的故事，包括索罗亚斯德、摩西、耶稣、密特拉和穆罕默德。在《圣经》的第二个创世故事中，亚当虽然是男性，却在上帝的帮助下生下了夏娃。关于人类自发的孤雌生殖，目前还没有确切的证据，尽管这方面的故事可能对代孕等生殖技术的发展有所启发。蜥蜴的孤雌生殖有一种特殊的魅力，毕竟它们看起来比其他具有这种能力的生物更接近"人"。

提起肤色变化，我们最容易想到的是变色龙，但其实壁虎、石龙子等其他蜥蜴也有这种能力。在某种程度上，人类和变色龙以及其他蜥蜴一样，也能通过颜色变化进行交流。比如尴尬或愤怒时的"红脸"，以及忧郁时的"蓝脸"。但是对于变色龙的变色能力，我们人类只有嫉妒的份了。

蜥蜴是通过伸缩两层彼此叠加的皮肤，暴露出不同的色素来实现颜色变化的。最近的研究表明，至少在变色龙中，第二层皮肤中包含微观晶体结构。根据生长方向的不同，这些晶体会反射和吸收不同波长的光。虽然变色原理并不复杂，但变色龙变色的原因却复杂得多。这些因素包括情绪、伪装和性发育成熟，等等。

当温度过低时，变色龙会让皮肤的颜色变深以吸收更多的阳光；当温度较高时，则让颜色变亮以反射更多的阳光，从而起到温度调节的作用。变色龙能在一定程度上改变其外形，并且色彩变化甚至能够与形态变化协同。总之，变色是蜥蜴间相互交流以及与环境交流的方式，虽然我们人类几乎无法理解其奥妙。

变色龙和其他蜥蜴的体色对光的变化十分敏感，这让我们不禁感到好奇：蜥蜴是否能够通过皮肤"看"到外界。同样地，我们对章鱼及其亲缘物种也有类似的疑问，毕竟章鱼也会在类似的情况下改变颜色。此外，我们也想知道植物是否能"看见"，毕竟植物也对光有反应，虽然不是那么迅速。树叶会追随日光，而牵牛花总是随着日出而开放。

这些现象促使我们思考一些有趣的哲学问题：知觉和意识的本质究竟为何？如果这些蜥蜴没有强烈的自我与非我意识，它们也许不会在感知到外界变化以后作出剧烈的反应。对于这些物种，也许我们可以发自内心地说一句——眼见为实。

从拟人的角度来看，蜥蜴的脸常常透露出一股悲伤忧郁的表情，而我们人类总是会被这样的情感所吸引。蜥蜴的肢体语言很有表现力，但并不容易翻译成人类能够理解的语言。人类能够以极其微妙的方式进行交流，而不仅仅局限于言语表达，我们的眼神或语气的变化也能传情达意。蜥蜴的沟通方式则完全不同：蜥蜴所传递的，至少对我们来说，并非原始的情感，而更接近某种智慧。蜥蜴的特质既迷人又不失平凡，有点儿像童话里的神灯或花仙子给人的感觉。

不经过广泛的研究，我们很难对蜥蜴准确分类或描述，因而混淆不同物种的特征是不可避免的。蜥蜴为了威吓捕食者、躲避猎物和求偶展示，在自然选择的压力下演化出的诸多复杂技巧，如伪装、装死和发送秘密信号等，甚至能够欺骗人类观察者。在林奈等人着手对生物进行科学分类之前，发生颜色或形态变化的某种变色龙很容易被误认为是完全不同的变种。人类观察者很容易把栖息在树上的亚成科莫多巨蜥和地上的成年科莫多巨蜥误认为是不同种类的蜥蜴，并且彼此是捕食者和猎物的关系。如此多变的蜥蜴，无疑激发了世人的想象力和创造力，而后者反过来又彻底解放了蜥蜴的形象，创造出各种形态的蛇与龙。

纵观历史，人类与狗、蜜蜂、羊、猫、蚕、马、猪、牛等许多物种建立了亲密的关系，但我们同蜥蜴始终保持着一定的距离。把蜥蜴称为"人类的好伙伴"可能不太合适，但这并不意味着蜥蜴对人类文化没有深刻的影响。海阔天空般的想象力是人类最为显著的特征，而蜥蜴拥有的某种特质，能够激发我们幻想的潜能。

第三章　蜥蜴与龙

在书本上看到龙是一回事，在现实生活中遇到龙又是另外一回事了。

乌尔苏拉·K. 勒奎恩（Ursula K.Le Guin）

熙熙攘攘的餐厅，一条巨龙的影子从游客头顶掠过。游客们惊奇地抬头，看到一只壁虎爬过一盏荧光灯，也许它觉得这盏灯会吸引一些美味的昆虫。接着游客们继续吃饭聊天，毕竟这也不是什么稀罕事了。在气候温暖的地方，比如西班牙或泰国，上述情形十分常见。

尽管蜥蜴行事低调，我们仍然能在人类的文化长河中找到它们的身影。但蜥蜴有时候并没有出现在许多耳熟能详的神话故事中，哪怕蛇、狼、蜜蜂等动物在这些故事中都扮演着非常重要的角色。大自然对蜥蜴演化策略的影响在某种程度上和我们人类十分相似。蜥蜴在基础形态上衍生出无穷无尽的变化和装饰。而人类文化延续了这一过程，把蜥蜴幻化成形态各异的龙。

人类学家格雷戈里·福斯（Gregory Forth）研究了印度尼西亚东部纳吉人对蜥蜴的分类方法。他们把蜥蜴分成不同的类别，每一类蜥蜴都具有非常独特的宗教和社会属性。比如地中海壁虎，这是一种体形小得可以放在掌心的

壁虎，它似乎是某种异世界生物的亲戚，而它的啁啾声能够预示未来。飞蜥能够从天空中引来闪电，然后从树上滑翔逃跑。多线石龙子能够同家养的雌性交配。而体形较大、颜色鲜艳的大壁虎则是一种药材。水巨蜥体长可达 1.8 米以上，生性狡猾。有报道称，它们会倒着走留下痕迹来欺骗人类。在纳吉人看来，"蜥蜴"是一个"隐秘的分类单元"。这些生物之间的联系并不明显，因此在纳吉语中并没有对应"蜥蜴"的单词。纳吉神话中并没有对蜥蜴进行分类，因为蜥蜴与其他生物都不同，它们与神祇以及巫师都没有关系。

虽然我们很难对人类社会一概而论，但在其他人类文化中对蜥蜴似乎也有类似的描述。民间有很多关于蛇、兔

尼加拉瓜普拉亚马德拉斯的灯笼。壁虎正在灯笼表面追逐昆虫，它们的剪影透过灯笼映照下来。

一个孩子手中的地中海壁虎，这些小家伙经常溜进人类居所。这种壁虎原产于印度尼西亚南部和澳大利亚北部的部分地区。它们有时被当地人视为逝去亲人的化身，从亡灵世界回到人间。

子或乌龟的故事，但关于蜥蜴的故事并不多见，即便有所涉及，其指代的对象既不具体，也不明确。不同文化给不同种类的蜥蜴赋予了特定的象征意义，但由于蜥蜴本身太多样化了，任何单一的象征都无法代表这一类别。假设我们以某个概念或形象来概括纳吉人分类的 5 种蜥蜴（也许还有其他蜥蜴），我们会得到一个非常复杂而模糊的形象。

这个形象大概就是龙，一种出现在几乎所有人类文化中的生物。大多数神话和民间传说中的神兽要么有一个单一的原型，要么是两个或三个物种的组合。独角兽是长着独角鲸角的马或山羊；格里芬有着狮子的身体，鹰的头和爪子；美人鱼则是长着鱼尾巴的女人。相较而言，龙也许囊括了从蝙蝠到孔雀在内的各种动物的特征，但融合得

60

如此和谐，以至于我们很难一眼看出来其原型。其他人类幻想出来的生物都不具有如此广泛的特征和象征意义，而且都很容易辨认。许多蜥蜴的英文名字中都包含龙的单词 dragon。比如水蜥（water dragon）、松狮蜥（bearded dragon）、飞蜥（flying dragon）、科莫多巨蜥（Komodo dragon）、刺龙（thorny dragon）、菲律宾斑帆蜥（sailfin dragon），等等。尽管有着千奇百怪的装饰，这些所谓"龙"的基础形态都是蜥蜴。

一本 18 世纪自然史中的插图，图中一只飞蜥从树上飞下来。它的尾巴像闪电一般划过天空。

它那大大的眼睛和嘴巴仿佛是在"开怀大笑"。

　　中国龙在当今世界也许是流传最广泛的神兽。对龙的记载可以追溯到非常遥远的古代，而文献中龙的形象，自商朝（公元前 1600—前 1046 年）以来几乎没有什么变化。这些龙都有着细长的身体，四条短腿，长长的尾巴和一对角。它们蜿蜒曲折的身体充满了律动感。按照传统观念，龙的口中应含着一颗珍珠，这也许是月亮或者智慧的象征，但也可以解读为一颗卵（也许在某个历史时期确实是这么理解的）。在周朝（公元前 1046—前 256 年），长有巨爪的黄龙成为中国帝王的象征，与代表皇后的凤凰相呼应。

　　中国龙拥有形态变化的能力，它可以变得比毛毛虫还小，也可以大得遮天蔽日。中国龙还有着变色的能力，并且每个季节都有不同的色调。春季由东方的青龙掌管，南方的黄龙或红龙掌控着夏天，西方的白龙是秋天的象征，北方的黑龙则代表了冬天。龙与各大元素也有着深刻的联

龙舞祝新年,2011年摄于曼哈顿唐人街。

明代画有龙的盘子,龙的五爪是帝王的象征。未经皇室许可私自画龙是要被处死的。

19世纪刺绣上的中国龙。为了保持平衡，蜥蜴在行进时身体的每一部分都会参与运动，仿佛在跳一首优雅的舞曲。同样地，中国龙总是以蜿蜒扭曲的姿态展示在世人面前。

系。龙常隐居于水面之下，有着呼风唤雨的能力，常以奔跑或者翱翔的姿态示人。龙的四周通常云雾缭绕，火焰则从龙的口中喷射而出。

据汉代儒学大家王符的记载，龙有9种动物的特性：鹿角、骆驼头、兔眼、蛇颈、蜃肚、鱼鳞、鹰爪、虎爪和牛耳。人类学家罗埃尔·斯特克（Roel Sterckx）认为，龙"是神兽形象的缩影，是变幻的化身""龙代表了所有动物，而不失其原本的形态"。王符则认为，蜥蜴不在构成中国龙的9种动物之列。在中国龙的文献记载中，有一个特征是王符没有提到的，即从头部延伸到背部，一直到尾巴的鳍冠。这是许多蜥蜴的特征，比如正蜥、飞蜥、变色龙和斑点楔齿蜥。那么，为什么王符不把"蜥蜴鳍冠"作为龙的第10个属性呢？也许他认为龙本质上是一只蜥蜴，因此忽略这一特征是理所当然的。龙当然有统一的形态：鳞片、爪、短腿、长长的尾巴，以及最重要的特征——极其柔软灵活的身体。

鳄鱼的体形和力量似乎表明它们有着龙的血统，但鳄鱼没有鳞片，也没有神话中龙的其他特征，最重要的是，它们没有龙那般灵活的动作。此外，鳄鱼以哺乳动物和鸟类为食，这一点有别于中国龙。然而，鬣蜥、壁虎和变色龙，它们都与中国龙一样有着变色的能力。飞蜥是中国本土物种，通常有冠和其他装饰，形象和中国龙的角有相似之处。正如我们所看到的，变色龙有着一定程度的形态变幻能力，主要是为了在爬树时改变身体的重心。蜥蜴在行进时不仅尾巴左摇右摆，整个躯体也随之而律动，以保持平衡。这种舞蹈一般的行进方式仿佛就是中国龙的化身。如果要选某种蜥蜴作为中国龙的起源，那大概是飞蜥或变色龙，但中国龙降雨的能力无疑是受到上述物种的启发。中国龙的形象传到了拜占庭和伊斯兰世界，到14世纪末，中国龙已成为波斯小人像作品中常见的图案，不久，中国龙便开始融入西方艺术作品中。

西方龙虽然起源也很古老，但我们似乎并不能把西方龙的概念追溯到文明的起源。西班牙和法国的欧洲洞穴壁画主要描绘的是大型哺乳动物；而爬行动物，特别是体形较小的爬行动物，在很大程度上是缺席的。虽然鳄鱼庞大的体形无疑对人类祖先构成巨大威胁，但我们几乎从未在洞穴壁画中发现它们的身影。蜥蜴在古埃及艺术作品中很少见，尽管在古埃及神话中，鳄鱼神索贝克有着很强的存在感。

我们能够辨识的西方龙，其最早的记载出自美索不达米亚。西方许多描绘神鬼的作品中至少都有一些爬行动物的特征，比如巴比伦女海神提雅玛，据说整个世界是由她的身体创生的。在公元前3000年后期，一条名为穆修素（Mushussu）的怒火龙蛇开始频繁出现。它有着鳞、角、爪、尾巴、长颈和分叉的舌头，可能是西方"龙"味道最浓的神兽。它的一般形态，尤其是角，与早期的中国龙十分相似，这表明二者可能有着共同的起源，但这种相似性也可能是独立发展出来的。虽然穆修素是神话中的生物，但它

比任何现存物种都更接近巨蜥的样子。

　　偶尔会引发大水和风暴的中国龙，通常是以正面的形象示人，而西方龙往往是邪恶的化身。古代世界中的许多英雄和神祇，比如宁图拉（Nintura）、马杜克（Marduk）、阿波罗（Apollo）、赫拉克勒斯（Heracles）、卡德摩斯（Cadmus）、珀尔修斯（Perseus）和西格德（Sigurd），都以杀死龙形生物而闻名。屠龙这一主题在基督教世界中反复出现，著名的屠龙勇士有圣乔治、圣玛格丽特、贝奥武

土耳其伊斯坦布尔
伊什塔尔门的穆修
素变体，可追溯到
公元前 575 年。

夫等。在《启示录》中，无论是来自海洋的野兽，还是来
自地球的假先知，都常常被认为是龙。

　　到了中世纪晚期和文艺复兴时期，西方龙的形象变得
尤其多样、丰富而有趣。西方龙的基础形态来自蜥蜴，装
饰来自各种生物的特征，如孔雀羽毛、狗头，等等。人们
对西方龙的划分也越来越细，如蛇怪、幼龙、双足飞龙，
等等。渐渐地，西方龙的各个变种被纳入贵族的家族纹章
中，从此它们也不再是声名狼藉的恶龙了。在炼金术和一
些深奥的文学作品中，龙是物质的精神象征。16 世纪中叶，
牧师爱德华·托普塞尔在一本龙的分类书中写道：

有些龙长着翅膀而没有脚，有些长着脚和翅膀，有些既没有脚也没有翅膀，但与普通蛇的区别只在于龙的肉冠和脸颊上的胡须……西方龙有着各式各样的颜色，有黑色的，有红色的，有灰色的，有黄色的，它们的形状和外观都很漂亮……

换句话说，龙不仅拥有蜥蜴的基础形态，也有着蜥蜴的多样性。

这是一个属于探索和发现的时代。认为所有动物都能进入诺亚方舟的人忽视了生物的多样性。探险家们通过全球旅行，带回了许多关于外来物种的生动而混乱的描述，包括颜色鲜艳的变色龙、装饰华丽的鬣蜥和体形庞大的巨蜥。早期的动物学家把这类新生物等同于传说中的神兽，如"森林之神"萨梯或美人鱼。尽管时人对新发现的动植

《圣乔治与龙》，保罗·乌切洛（Paolo Uccello，1456）。这条龙的翅膀形态和蝙蝠类似，翅膀上装饰着孔雀羽毛的图案。其面部是狗的样子，牙齿则来自毒蛇。然而，这只龙的基础形态毫无疑问是一只蜥蜴，它依靠两条腿行动，和后来发现的恐龙有些相似。

物进行了系统的编目，但实际上旅行书籍的插图和古代神话典籍中的绘画也没什么不同。除了新发现的生物，欧洲人还接触了来自东亚、伊斯兰世界和美洲大陆的艺术作品。到了中世纪晚期，恶魔身上的蝙蝠翅膀图案从中国传入西方，不久便出现在龙身上。

而"蝾螈"作为文艺复兴时期各类作品中的常客，其名声最早可以追溯到亚里士多德、老普林尼和埃利安，他们都谈论过蝾螈不怕火，甚至能够用身体灭火的事迹。16世纪，一位叫作帕拉塞尔苏斯的医生认为，蝾螈是一种类似于精灵的纯粹生物。大多数评论家将蝾螈与一种被称为"火蝾螈"（Salamandra）的小型两栖生物混为一谈，而后者通体呈黑色，有黄色的斑点。它在欧洲大部分地区都能见到，尤其在树木繁茂的山区。

火蝾螈的皮肤会分泌一种化学物质，这种化学物质让火蝾螈有充足的时间从燃烧的木柴缝隙中逃脱。但无论这些旧时代的作者指的是哪种动物，他们的描述与17世纪中叶之前的蝾螈绘画没有任何相似之处。事实上，文艺复兴时期的"蝾螈"被描绘成长有鳞片和爪子的生物，这显然是某种爬行动物（即蜥蜴），而不是两栖动物。它们与真正蝾螈的不同之处还在于前者颈部很长，背部有鳍冠。

文艺复兴时期，蝾螈成了弗朗索瓦一世（1515—1547）的纹章。由于弗朗索瓦在艺术方面的贡献，他被尊为"法国文化之父"。这只纹章中的蝾螈位于王冠正下方，只见它扭过头来向后方喷火。蝾螈四周亦被火焰环绕，这些火焰似乎来自其移动中的关节。

蝾螈旁边通常有一句格言：Nutrisco et extinguo（由我而生，因我而灭）。就字面意思而言，这句话指的是蝾螈既能生火，也能灭火。它还暗示着国王作为绝对君主的地位——国王不仅是社会秩序的创立者，也拥有颠覆现有秩序的能力。蝾螈的形象在法国宫廷中无所不在，类似于龙在中国的地位。在枫丹白露的弗朗索瓦宫殿里，无论是门墙还是浮雕，甚至随处可见的平面上都能看到蝾螈纹章。不过这句格言其实有更深一层的含义。

诸多相似之处表明，弗朗索瓦一世的蝾螈至少在一定程度上受到了东方龙的启发，当时东方龙的形象已经传到了西欧。与西方龙不同的是，蝾螈的形象显然是正面的。它象征着王权，好比中国龙与皇帝之间的关系。二者都有朝上的耳朵和形似骆驼的鼻子。蝾螈通常被漆成金色，颜色与中国宫廷的御龙大致相同。蝾螈能够生火亦能灭火，这不禁让人联想到中国龙呼风唤雨、电闪雷鸣的本事。而

西方龙，从被贝奥武夫杀死的那条算起，就已经有了喷火的能力。蝾螈和中国龙一样，火焰都是在移动过程中产生的。区别在于，蝾螈柔软的身体通常呈向上弯曲的姿态，但不会像中国龙那样蜿蜒曲折。二者的形象中都蕴含着对立统一的思想，并且都是炼金术和哲学探讨的对象。

瑞士的康拉德·格斯纳（1516—1565）因其在1551—1558年出版的《动物史》中对所有已知动物进行分类和论述，而被世人尊为"现代动物学的奠基人"。与大多数前辈不同，格斯纳非常注重描述的准确性，书中还收录了一个很全面的索引，这在当时是非常不寻常的。在1560年的一个版本中，他把两个"蝾螈"的画像放在一起，以表明其中一张是假的。第一幅画相当准确地描绘了我们今天所知的两栖动物"蝾螈"。另一只格斯纳认为是虚构的蝾

（对页）16世纪初，枫丹白露宫廷中的蝾螈雕刻作品。

康拉德·格斯纳（Conrad Gessner）的《动物史》插图（1669）。格斯纳认为上方蝾螈的描述是准确的，而下面这只则是虚构的。

DE SALAMANDRA.

蜥长着爪子，背上有一串星星，还有一张哺乳动物的脸。被格斯纳打假的图像可能出自 1486 年伯纳德·冯·布雷登巴赫描述圣地的插图，后来该图被复印到许多当代书籍中。

布雷登巴赫描述的怪兽，其原型可能是中国龙。如前所述，当时中国龙在伊斯兰世界已广泛传播。这种生物背上的星星图案最初也许来自占星盘。格斯纳在插图的说明中写道，这只假蝾螈其实代表着某个占星术符号，而龙则是中国十二生肖之一。尽管格斯纳并没有特别提到弗朗索瓦一世，但他可能也希望通过揭开法国宫廷吉祥物的神秘面纱来揭露王室的伪装。弗朗索瓦一世是一个狂热的天

蝾螈插图，出自《自然探秘》（*Secretorum chymicum*，1687）。曾经遍布弗朗索瓦一世宫殿的蝾螈，在失去法国王室的宠爱以后，仍然在相当长的一段时间内在炼金术和神秘学中大放异彩。

主教徒，他和胡根诺教徒有着诸多矛盾，而格斯纳是一个新教徒。我们不知道亚里士多德和老普林尼在关于蝾螈的著作中提到的究竟是什么生物，也不知道到底是哪个物种（如果存在的话）启发了枫丹白露宫殿里的艺术作品。但毫无疑问，"蝾螈"这个词自此与格斯纳描绘的两栖动物有了联系。在弗朗索瓦一世之后的法国国王，采用的是百合花徽而非蝾螈作为王室象征。澳大利亚原住民神话中的"彩虹蛇"，并非像埃及神话中的荷鲁斯或美国西北海岸印第安人神话中的乌鸦那样相对独立，而是一种人类学建构的意象。A. R. 拉德克利夫·布朗在1926年的一篇题为"澳大利亚的彩虹蛇神话"的文章中首次提到了这一点。他认为，"彩虹蛇"的概念来自彩虹与巨蛇，这是一种在水坑间穿梭的生物，在澳大利亚土著部落的各种传说中都有记载。据传彩虹蛇与某种岩石晶体有关，这种晶体折射光线的原理和棱镜类似。

然而，澳大利亚的许多土著信仰如今早已丧失。不少传说也没有人研究，因此拉德克利夫·布朗不得不在诸多研究空白处作出假设。他还观察到，彩虹并不总是与蛇一起出现，也可能是鱼或者其他动物。他得出的结论是，彩虹精灵类似于中国龙，因为两者都居住在湖泊或池塘中，都有操控天气的能力。在人类学研究中，类似上述的类比分析很常见，这也许是由于上古时代的人类文化有着共同的起源，也可能是各地文化独立创造的产物，或者源自未见于史料的文明交流，也可能是人类大脑中本就存在的某

（对页）拉德克利夫·布朗使用该图片来佐证他关于澳大利亚土著神话的彩虹精灵理论，摘自《皇家人类学协会杂志》（1926）。拉德克里夫·布朗认为画面中的动物是蛇。上图的生物，从上往下看似乎是巨蜥，因为它们的身体中部较宽，头部和尾部逐渐变细。

种原型，或者是上述这些因素的组合。

彩虹蛇的概念已被大多数人类学家所接受，并在大众文化中广泛传播，但这并不代表彩虹蛇没有争议。一些原住民认为，现在流行的彩虹蛇概念，其实是西方思想和价值观投射到本土文化形成的扭曲产物，甚至还有一些基督徒自豪地将彩虹蛇与西方的上帝概念等同。尽管这些争论很有趣，但它们已经超出了本书的讨论范围。

澳大利亚的蜥蜴，在多样性方面可以说难逢敌手，能一较高下的也许只有马达加斯加了。澳大利亚的蜥蜴颜色鲜艳，不少还有着改变颜色的能力，看起来比任何一种蛇都更像彩虹。因此我们推测，它们很可能影响了彩虹蛇概念的形成。读者需要了解的是，土著传说中的时间概念与西方文化的历史叙事方式很不一样。在西方文化中，历史人物的身份都有着清晰的描述，并且叙事是按照固定的时间线进行的。而在传说故事中，许多动物都会参与人类活动，如划独木舟或投掷长矛。蛇会与蜥蜴结婚，各种动物都可以造人。这些故事模糊了物种的界限，也不会区分过去、现在和未来。

中国龙的一个显著特点是，它将原本对立的水与火和谐地融为一体，从而让自己具备呼风唤雨，电闪雷鸣的能力。作为对比，许多澳大利亚原住民的故事中，彩虹蛇代表着水，而蜥蜴则代表火焰，因此二者是敌对关系。尽管在某种意义上，它们联合创造了这个世界。澳大利亚海岸约克角附近的内尔吉岛上流传着这样一个故事，一只名叫

瓦利克的皱褶蜥蜴把火焰带回到家里。有一天，众蜥蜴看到远处有一缕烟雾从地面升起，怀疑这是某种神秘的力量在驱使。瓦利克游到烟雾上升的地方，发现一块燃烧的煤。它叼着这块煤游回来后，舌头上便有了一道灼烧形成的伤疤。新南威尔士州的邦加隆族原住民，认为他们的祖先是一只名为戈纳的巨蜥，这只巨蜥曾与彩虹蛇有过一番争斗。在蜥蜴和彩虹蛇你追我赶的过程中，河流和山脉便从空旷无垠的地表出现。这个传说的背后也许是一场风暴带来的暴雨和洪水，创造了水道和土堆。

　　正如我们所看到的，蜥蜴和很多生物都有相似的地方，从鱼类、昆虫到食蚁兽，可以说是无所不包。蛇是没有腿的蜥蜴，哺乳动物是有毛的蜥蜴，鸟是有翅膀的蜥蜴，龙和恐龙都是巨大的蜥蜴。我们很难判断传说故事中登场的究竟是蜥蜴，是鳄鱼，是蛇，还是人，所以蜥蜴成了复

澳大利亚土著描绘的蛇和巨蜥。

合生物的一种默认形态。

长有羽毛的蛇在中美洲文化中是一种很普遍的形态，其重要性和中国龙、西方龙、澳大利亚的彩虹蛇以及非洲南部的变色龙相当（如下所述）。阿兹特克人把羽蛇神称为奎兹特克（Quetzalcoatl），尤卡特克玛雅人称之为库库尔坎（Kukulkan）。在玛雅基切人的宗教史诗《波波尔·乌》(Popol Vuh) 中，神库科玛茨（Qucumatz）创造了世界和人类。羽蛇神多见于石头雕刻作品中，其造型通常包含手臂、颈上的饰纹或褶边等装饰。由于羽蛇神的形象风格富于变化，要从雕刻作品中区分不同的身体部位，甚至区分鳞片和羽毛并不是一件容易的事情。不过和其他地区的龙一样，当地人会把羽蛇神同江海湖泊、疾风骤雨联系在一起，并且认为羽蛇神的起源可追溯到宇宙原点。那些穿越白令海峡并在美洲生存繁衍的人类祖先，也许把中国龙的传说从亚洲带到了美洲。

西方文化对整齐的追求促使我们把各种珍奇异兽分门别类。在《利未记》中，作者根据动物是否反刍或裂蹄等明显特征，将动物分为"洁净"和"不洁"两类。分类学在亚里士多德时代变得更加精细，而林奈和他的继任者则让物种分类的复杂程度更进一步。西方神话传说中的生物，如半人马或斯芬克斯，我们通常可以相对容易地将其分解成组成物种。而美洲印第安人的想象力，特别是南美洲和中美洲，更具奇幻色彩。物种的身份特征有时候相互融合，有时候又彼此分离，如同我们在雨林中看到的、听到的那样。

　　欧洲宇宙学将意识划分为不同的单位，分别对应人类和其他生物的不同身体部位。而对中美洲的人来说，知觉是一个统一的整体，而短暂存在的躯体只是知觉整体的一部分，只是相对高级一些。一个生命的躯体可能被数个灵魂占据，而一个灵魂也可能同时占有几个身体。也就是说，美洲人认为没有任何生物——无论是人、动物还是神——是由其外在特征决定的。因此我们很难区分羽蛇的形象究竟是来自哪些物种。不少美洲人的艺术作品，称其为"奇幻蜥蜴"也没什么不妥，尽管我们很难判断，这些作品在多大程度上参考了鬣蜥以及吉拉毒蜥。

　　绿鬣蜥是一种体形庞大的生物，大部分时间都待在树上，有着夸张的背鳍和鲜艳的颜色，那气势让人觉得它们就是羽蛇神本尊。墨西哥中西部的科拉印第安人流传着这样一个传说：一只愤怒的鬣蜥消灭了世界上所有的火焰，然后把火种藏在天空中。地上的人们在严寒中艰难度日。一开始他们祈求鸟儿们把火种带回地面，乌鸦和蜂鸟答应了人类的请求，但飞得都不够高。负鼠也同意进行尝试，并告诉世人它会把火种从天堂击落到人间，但人们必须等待时机，用毯子兜住火种避免其落到地面上。负鼠从树上一直爬到天空中，那只盗火的鬣蜥则化身成老人的样子，让这位访客在火种旁边休息。负鼠趁机用尾巴把火种击打回地面，可地上的人们没能兜住火种，于是一场大火肆虐人间。从那以后，火种便被人类保留了下来。

北美印第安人的传说中也有龙的身影。其中有一条龙叫作"皮亚萨",是探险家雅克·马奎特(Jacques Marquette)1673年在伊利诺斯州密西西比河上方的石灰岩悬崖上发现的。他形容这是一种长相奇异、形似蜥蜴的生物:长着人脸、鹿角和鳞片,一条长长的尾巴缠绕在身体上。马奎特神父起初被这一景象吓坏了,之后又惊叹于画家的技艺,认为该画作足以挑战他母国法兰西的任何艺术家。这幅壁画后来遭到毁坏,又被人修复了。密西西比河附近的美洲原住民艺术中类似的画作表明,和欧亚大陆上的龙一样,美洲的这些神兽也居住在池塘或湖泊里。

变色龙似乎和其他动物都不一样,它们不仅两只大眼睛能够分别聚焦,还拥有变色和变形的能力,而且在用舌

在墨西哥尤卡坦半岛的玛雅金字塔遗迹中,这只鬣蜥看起来十分自在。

头捕食昆虫时，无论捕食速度还是精度都令人叹为观止。变色龙的魅力很大一部分在于它反映了人类与自然界的疏离，而这种疏离长期以来一直是人类孤独感和虚荣心的来源。人类例外论的心理基础，很大程度上来自我们对自己作为一个物种的独特性感到自豪。与此同时，我们也难免被这种心理产生的与动物和自然的疏离感所困扰。在许多非洲神话中，变色龙同样也是以孤独而强大的形象出现的，过着与世隔绝的生活。也许变色龙和蜥蜴的关系就像人类和猿类一样，或者程度相同。

犹他州恐龙国家公园，一位弗里蒙特文化的艺术家展示了美洲土著公元前1000年的蜥蜴壁画。我们不知道这种感觉是不是刻意营造的，但蜥蜴看起来似乎在池塘里面游泳。

根据修复后的"皮亚萨"岩画绘制的作品。有人认为其最初的形象没有翅膀。

　　在非洲撒哈拉以南班图人的神话中，变色龙往往是最古老的动物。根据象牙海岸的塞努弗人记载，变色龙行走速度很慢，这是因为当它出现在这个世界上时，土壤已被原始的水渗透，非常的柔软。尼日利亚约鲁巴人的传说中，上帝指派掌管医学的神——变色龙——在人类到来之前测试地球的坚固程度，这就是为什么它每一步都走得如此谨慎。

　　根据中非东部马拉维人的传说，变色龙曾经是地球上唯一的生物。它感到自己很孤独，于是爬到高高的树上寻找同伴。在吃了一顿水果以后，变色龙睡着了，突然一阵强风把它吹到了地上。变色龙落地后肢体便四散开来，于是其他所有生物，包括人类，都从它的身体里出来了。

班图人普遍相信存在着一个至高无上的神，其地位类似于亚伯拉罕宗教的主，只是这位神已经从人间退隐。至于退隐的缘由，流传着许多的版本，大都是说由于人类忤逆或者犯错导致的，比如制造噪声、学会生火，等等。变色龙经常充当远方的上帝和人类之间，以及人和动物之间的沟通媒介。

　　在班图文明的几个亚文化中，变色龙都扮演着永生使者的角色，然而它的善举却总是遭到对手的阻挠，这些对手可能是飞蜥、野兔或其他动物。根据喀麦隆乌特人的说法，上帝曾派遣变色龙告诉世人，人类死亡后会从坟墓中复活。传说中变色龙沿着树枝慢慢地从天堂爬回人间，不时停下来自我反思（这一说法倒是和变色龙的习性相符）。一条蛇无意中听到了这个消息，决定以此捉弄世间凡人。它迅速顺着树干滑到地面，然后告诉人们死亡将是生命的终点。

　　死神也听到了这番话，并且认为这是在邀请自己履行职责，于是死神开始四处收割男人和女人的灵魂。当变色龙姗姗来迟，人们对它带来的消息困惑不已，而变色龙也无法取得人类的信任。最终，变色龙和蛇把这出闹剧带到了上帝面前，虽然上帝决定让撒谎的蛇背负诅咒，但一切为时已晚，死亡的阴影已经散播人间。直到今天，人们杀蛇都是为了报复当年被蛇剥夺永生的事情。这个故事有无数个版本，每一个版本都为人类关于生与死、创造与毁灭的思辨带来了新的启示。

《非洲》，马腾·德沃斯（Marten de Vos）和阿德里安·科勒特（Adriaen Collaert），1586—1591年。画家笔下的非洲场景：一位女性骄傲地骑在幻想中的鳄鱼身上，画面左边有变色龙，右边的动物可能是蛇，也可能是无腿蜥蜴。

马拉维人对变色龙的看法比较复杂，一方面他们十分尊敬这种动物；另一方面也很害怕它的力量。马拉维人普遍认为被变色龙咬伤后，自己会变成蛇。在他们眼中，变色龙通常代表着某种重要的信仰，尽管这种信仰和喀麦隆西部的邦瓦人是完全相反的。邦瓦人流传的故事版本是：愤怒的变色龙宣布所有生物都必须灭亡，但一只蟾蜍缓和了这番措辞，说这些死亡的生物都会重生。也因此，我们人类经历了出生和死亡的不断循环。代表火焰的变色龙与代表水的青蛙或蟾蜍，它们共同为世间带来雨水。而班图基督徒甚至认为变色龙是基督的化身。

对近代早期的欧洲人来说，非洲是一块比美洲更加神奇的大陆。据说这里会遇到狮身鹰面的格里芬、头颈如鹤的人，甚至还有古埃及的神祇。变色龙被人从非洲带到西方当宠物饲养，而它们作为巫师的名声也传到了西方世界。变色龙的色彩变化能力确实令人惊叹，但至少在 12 世纪中叶之前，人们对变色龙的认识充满了误解和夸张的成分。变色龙变色的原因有很多，并且雄性变色的频率更高，这是为了给雌性留下深刻印象，而不是为了融入环境。然而在流行文化中，变色龙获得了超凡的变色能力，以至于人们以为变色龙能够隐身。用卡罗琳·威尔斯（Carolyn Well）的话说："如果在树上什么都没有看到，那你看到的就是变色龙。"

在南非一棵金合欢树的树叶中缓慢爬行的喷点变色龙。

87

简·范·维亚宁（Jan van Vianen），《丘比特拿着一只变色龙》（*Cupid Holding a Chameleon*, 1686）。人们常把变色龙改变颜色和形状的方式与炼金术、变形者和爱情对性格的改变能力联系在一起。然而，很难说这幅画传达的信息是浪漫还是愤世嫉俗。

简·卢肯（Jan Luyken），《两个男人与一只变色龙》（*Two Men see a Chameleon*, 1711）。每当看到变色龙和其他蜥蜴，人们总是会驻足惊叹。

J. 格兰德维尔
（J.Grandville），
《动物的隐秘生活
和公共生活》插
图（1842）。议会
里的这只变色龙总
是在改变自己的主
张，就像那些在森
林里的变色龙会改
变它们的颜色一
样，这么做总能保
证自己和民众的观
点一致。

　　也许威尔斯没有意识到这一点，但这句话的描述很符合神话中的龙。大多数人不太相信仙女、鬼魂或自然神灵，但能够隐身的变色龙就不好说了。这种模棱两可的认知，有点像薛定谔的猫（其生死取决于位置不确定的电子）。这些变色龙介于存在和不存在之间，我们有时称之为"想象的领域"。

　　蜥蜴和龙究竟有什么区别？二者的差距也许就在于"神话"或"隐喻"，要区分清楚并不容易。哲学家们早已发现，给动物命名这样的简单行为其实涉及许多隐含的假设，而这些假设的内涵非常接近神话。蜥蜴不仅具有让人类联想到龙的身体特征，如鳞片、长尾、弯曲的身体，而且在微观世界里，它们也像龙一样凶猛地追捕或伏击昆虫。抛开鳞片不谈，对许多蜥蜴而言，一丛杂草就是一片原始森林，也许这里就是龙栖居的地方。

第四章　蜥蜴与恐龙

来自未来的天使们对时间带来的战争和破坏一无所知，它们将在无限的空间帝国中寻找那些可怕的遗骸，以及我们所说的同一种武器，并且在跨越几个世纪的时间里，重新聆听龙的传说。

托马斯·霍金斯（Thomas Hawkin），《大海龙、鱼龙和蛇颈龙之书》（*Book of Great Sea Dragons, Ichthyosauri and Plesiosauri*，1840）。

"爬行动物时代"这样的观念很早就在西方文化中流行开来。在巴比伦的创世史诗中，女海神提雅玛生出了许多爬行类怪物，这些怪物始终捍卫着提雅玛的统治地位，直到她被"至高神"马杜克杀死。在希腊神话中，提雅玛对应的是"大地之母"盖亚。她生下的泰坦，被赫西奥德描述为长相奇异的爬行动物。泰坦同宙斯以及奥林匹斯众神的战争，最终以泰坦一方战败而告终。作为二元信仰的源头，琐亚斯德教的帕提亚经文记载了爬行动物并非由神祇阿胡拉·马兹达，而是由他的对手"邪神"阿赫里曼创造的：

> 邪神将各种爬行动物释放到大地上，包括蛇龙、蝎子、毒蜥、乌龟和青蛙，等等。这些撕咬猎物的有毒生物很快便泛滥成灾，以至于整个地球再也找不到一片免受爬行动物侵害的净土。

阿舒巴尼帕尔国王图书馆的一块亚述浮雕，描绘的是雌雄同体的提雅玛（公元前668—前626年）。

　　《圣经》记载的创世过程有两个版本。第一个版本中，人类是在动物之后被创造出来的，但上帝让人类掌管动物。在第二个版本中，动物是在亚当之后、夏娃之前创造的，上帝希望这些动物能陪伴在亚当身边。在第二个版本中，伊甸园的蛇，《圣经》中唯一一会说话的动物（如果你不把巴兰的驴算在内的话），似乎有一种超越其他动物的地位，这表明它曾经拥有，或者至少渴望拥有人类那样的统治地位。

我们把目光转向近代，爬行动物在提雅玛、盖亚、阿胡拉·马兹达或伊甸园之蛇的统治下继续充当地球的主人，直到一场大洪水淹没大地，动物们逃难到诺亚方舟中。因为人类受到上帝的责罚，这是一个邪恶的时代。但因为圣经的记载，这也是一个神圣的时代。人类将龙的化身——巨蜥，同恐怖的世界末日联系在一起，可以追溯到很早的时代，也许最令人印象深刻的记载见于圣经《启示录》中：一条龙尾扫过天空，挡住了1/3的星星。

早在恐龙被发现之前，西方图像学已经把龙与历史联系在一起，把能够屠龙的人视为时代进步的象征。圣乔治屠龙事件象征着新兴的基督教战胜了旧时代的异教。在古叙利亚首都安提俄克，圣玛格丽特是一个异教徒牧师的女儿。当她皈依基督教时，她的父亲被激怒了。然而圣玛格丽特拒绝放弃自己的信仰，于是父亲狠下心把女儿投喂给了一条龙。玛格丽特在龙肚子里做了一个合十的手势，之后龙便突然裂开了，于是玛格丽特逃了出来。此番"重生"，象征着新教诞生于旧宗的废墟之中。一个由蜥蜴和其他爬行动物主导的世界，这样的主题在新的语境中不断复现，甚至出现在史前史的讨论中。

随着工业革命一同发展的采石和采矿业，以前所未有的规模发掘了大批化石。18世纪末陆续发现的恐龙化石让人类感到惶惶不安，这不仅是因为恐龙巨大的体形和陌生

圣玛格丽特屠龙，插图出自《威腾堡神殿书》（*Wittenberger Heiligtumbuch*，1509 ）。这位年轻的女士平静地从龙身边站了起来，象征着新宗教已取得胜利。

的形态，也因为它们很难融入林奈那看似完美无缺的物种分类系统。这些发现在学界启发了一场又一场的学术大讨论，这些讨论涉及生物学、神学、地球科学、神话研究等领域。在西方文化中长期存在的"爬行动物时代"的主题，为我们想象恐龙的形象提供了基础。

尽管研究人员只能依靠现有的少量证据来重建恐龙及其生活的时代，18世纪和19世纪初关于恐龙的科学讨论达到了很高的水平。关于蜥蜴的艺术作品数不胜数，因此人类在还原恐龙时不可避免会参照蜥蜴的形象。在许多方面，以蜥蜴作为参考很有误导性。直到20世纪后期，人们才发觉大多数恐龙并不像蜥蜴那样拖着尾巴，依靠四肢前行。

1841年，古生物学家理查德·欧文（Richard Owen，1804—1892）利用希腊语 deinos（意思是"可怕的"）和 sauros（意思是"蜥蜴"）创造了恐龙一词，用来形容新发现的巨型爬行动物。欧文补充说，恐龙可能和哺乳动物一样有四腔心脏，并且是温血动物，比我们今天知道的蜥蜴活跃得多。但是，如果二者差异如此巨大，他为什么还要把恐龙归为"蜥蜴"呢？一方面，现今存活的生物为分类提供了唯一可用的框架，而蜥蜴很容易成为最为成熟的模板；另一方面，欧文坚决反对正在兴起的演化论思想。在

19世纪早期至中期，法国一本自然历史书中描述的埋在山里的蛇颈龙骨头。

那个时代，演化论的倡导者通常认为物种演化是一个持续改进的过程。欧文认为，由于远古时期的"蜥蜴"比今天的蜥蜴大得多，外形也更为瞩目，因此它们与鬣蜥等生物之间不可能存在演化联系。但传说中的龙也是温血生物（毕竟龙可以喷火），所以从某种程度上看，欧文在分类问题上无意识地遵循了神话的叙事传统。人们把恐龙大致想象成蜥蜴的衍生品种，就像人们想象龙那样。换句话说，这些蜥蜴可能拥有蝙蝠的翅膀、狗的脸或人类的四肢，但本质上仍然是爬行动物。

和"鱼"或者"蜥蜴"一样，如今"恐龙"已不再是一个公认的科学范畴。作为一种概括性术语，"恐龙"在流行文化中仍然很常见，它指代的是生活在某个时代的许多生物，但这些生物彼此不一定有很紧密的联系。大多数恐龙被归为蜥臀目（Saurischia），意思是"蜥蜴屁股"，如霸王龙和迷惑龙；以及鸟臀目（Ornithischia），意思是"鸟屁股"，包括三角龙和剑龙。我们已经看到，科学语言与流行文化的交集越来越少。恐龙是蜥蜴吗？在当代科学背景下，这个问题的意义有些模糊。如果我们以严格的方式来理解"恐龙"和"蜥蜴"，我们可能会作出否定的回答。在约 2.99 亿年前的二叠纪早期，鳞龙亚纲（后来演化出有鳞目，包括巨蜥、壁虎、正蜥蜴、鬣蜥等）同古蜥（Archosaura）分道扬镳。而后大约在 2.51 亿年前的三叠纪早期，古蜥分裂成恐龙目（Dinosauria）和鳄鱼目（Crocodilia）。在 19 世纪早期，古生物学家所知的"蜥蜴"

祖先只有类似于沧龙和蛇颈龙这样的水栖巨兽。然而，无论是基于传统习惯，还是粗浅认知，乃至文学联想，人们仍然一致地将恐龙认作蜥蜴。当我们看到一只鬣蜥时，我们下意识地认为这是一只微型恐龙。

维多利亚时代是一个工业化迅速扩张，科学发展日新月异的时代，但那时英国的主流意识形态仍然是怀旧的浪漫主义。身形庞大的类蜥蜴古生物，很容易让人联想到中世纪传说中的恶魔，从而唤醒人们对早已忘却的信仰时代的回忆。恐龙还让人联想到骑士和龙的战斗，以及骑士盛行的时代。人们对恐龙生活的地质年代，有着一种浪漫的情怀，尽管这种情怀是基于模糊的认知。恐龙的生存环境十分严酷，这让维多利亚时代的人们对恐龙产生了敬畏之情。用唐纳德·沃斯特（Donald Worster）的话说：

> 无论是绘画、诗歌还是音乐，都不乏含有让人毛骨悚然的场景：狮子咆哮着跳到瘫痪的种马的背上；激流从悬崖上倾泻而下；火山爆发，滚滚浓烟直奔云霄。

和艺术家一样，科学家们也会从描绘地狱或偏远地区的恐怖场景中汲取灵感，在那里，壮丽而严酷的自然仍主宰着一切。乔治·居维叶（1769—1832）是 19 世纪早期著名的古生物学家，他认为诺亚遭遇的洪水只是一系列灾难中的最后一次，而每次灾难都是一个生命被摧毁和恢复的过程。不同岩层中存在的各种生物化石，成了数次生物大灭绝的记录。用沃斯特的话说：

> 正如法国古生物学家乔治·居维叶（Georges
> Cuvier）所述，这些地层的变动仿佛在诉说着一番
> 恐怖而又壮丽的景象：地动山摇、海洋蒸发……上
> 古巨兽葬身于雪崩之下。

19 世纪早期的古生物学家，特别是英国和法国的古生物学家，往往把自己所处时代的暴力活动，包括拿破仑战争和帝国征服战争，映射到遥远的古代。居维叶提出的"灾变论"，很大程度上受到了法国政府政权频繁更迭的启发。那个时期的法国，国王和王后被斩首，后来的革命接班人也被斩首，包括丹东和罗伯斯庇尔。居维叶和他的同侪用"革命"一词（法语和英语词形相同）来指代地质和政治上的剧变。科学家和科普工作者亲眼目睹了在欧洲诸国及其殖民地上演的旧秩序和新秩序之间的斗争，因此他们认为，恐龙的统治本质上也是这种斗争的结果。旧时代那些庄严而又好斗的斑点楔齿蜥象征着古老的制度，注定要让位于更善于运用理性思维的后来者。

然而，大灾变理论并没有强调暴力冲突不可避免。科学家其实也可以把关注重点放在大规模灭绝之外相对稳定的地质时期，而非灾变本身。他们本可以指出，恐龙庞大的体形表明它们有很长的寿命，而非仅仅关注恐龙的突然死亡。18 世纪末和 19 世纪的许多科学家可能有意无意地让原本平易近人的理论变得讳莫如深，也许他们对浪漫恐怖的元素过于痴迷，吓跑了许多公众。

"那些利维坦大多被想象成巨蜥的样子，它们生活在一个弱肉强食的世界。"这种想法在托马斯·霍金斯的著作《大海龙、鱼龙和蛇颈龙之书》中体现得淋漓尽致。该书出版于1840年，作者将新发现的恐龙同《圣经》中的怪物进行了对比。他称这些龙是"来自深渊、长着獠牙的猎杀者"。在该书末尾，霍金斯补充道，"在洞穴和岩床中发现的巨大的食肉动物化石有着第二层寓意——这是无法逃避的灾难，在开满鲜花的地表下，掩埋着无数生命的遗骸。"接下来霍金斯便连续用鲜血、地狱、山体滑坡、暴风雨和地震等灾难景象冲击读者。他认为恐龙的灭亡是上帝愤怒的结果，也是对人类的警告。

这本书的封面是约翰·马丁（John Martin，1798—1854）设计的，他是一位以描绘圣经灾难舞台造型而闻名的画家。这幅画的标题为"海龙的生活方式"，展示了恐龙在荒凉的海岸上进行暴力掠夺的狂欢景象。在画的右边，一只翼龙从刚被杀死的鱼龙身上挖出一只眼睛，而其他翼龙则撕咬着受害者的两侧。左边，一条蛇颈龙面对两条鱼龙，彼此都露出了巨大的牙齿。在它们周围，黑暗的波浪在月光下翻腾。这幅画和马丁的其他作品一起，成了未来几十年恐龙插图的经典。

1850年，诗人阿尔弗雷德·丁尼生勋爵（1809—1892）在《纪念》（*In Memoriam*）这首诗中表达了新科学发现带来的生存危机感，这种危机感在9年后达尔文的《物种起源》出版时达到了顶峰。地质学家查尔斯·莱尔（Charles

Lyell）认为，山体也会发生变化。如果他的观点是对的，那我们就不应该再把高山当作永恒的象征。如果真像乔治·居维叶这样的灾难主义者主张的那样，所有物种最终都会灭绝，那我们人类恐怕也不能幸免。

在诗的第 6 节中，第一次出现了对恐龙的描述，尽管丁尼生把它们称为"龙"。丁尼生用典型的维多利亚风格将恐龙的野蛮生活与人类的理想主义进行了对比：

> 爱是上帝的信仰，
> 爱是造物的"自然法则"，
> 尽管自然的爪牙透着鲜血的红色，
> 抗拒法则的尖叫声回荡在峡谷之中。

约翰·马丁为托马斯·霍金斯所著的《大海龙、鱼龙和蛇颈龙》(1840)的章首图。早期专注于化石领域的作者大多认为恐龙身处的是一个充满混沌和暴力的时代。

100

那些为爱付出，

那些忍受着无数病痛，

那些为真理正义而战，

那些被风吹散在沙漠的尘土中，

还是那些被封印在铁山里的？

以为没了吗？还有怪物、梦境和纷争。

正值盛年的巨龙，

在黏液中互相残杀，

而空中飘荡着柔美的音乐。

　　怀着恐惧和同情的心态，丁尼生把恐龙看作人类的某种镜像。人类自认为有着崇高的理想，但仅凭这一点能够让我们和动物区分开来吗？和恐龙一样，人类也会诉诸暴力。也许有一天我们也会走向灭绝。

　　很久以前，人类就遇到过恐龙和大型哺乳动物的化石，这些化石启发了人类创作龙、巨人和其他神兽的传说。由于这些故事并不完整，人们除了知道有巨兽存在以外，并不能从中了解更多信息。在探索和发现的时代，许多化石存放在统治者和贵族的古玩柜里。到了近代，学界对这些化石的记录和研究逐渐系统化。

　　直到 17 世纪末，尽管偶尔有异议，但人们普遍认为每一个物种都有对应的原型，因此这些物种是不会变化的。当有人在美国肯塔基州、俄亥俄州和南卡罗来纳州挖出乳齿象的骨头时，人们把这种生物称为"美国象"，研究人员预测很快就能发现活着的"美国象"。找到"美国象"的任务落到了刘易斯和克拉克身上，两人在1804年被杰斐逊委派去探索美国西北地区。第一只经过科学检验的原始蜥蜴是在1775年左右被发现的，当时一名士兵在荷兰马斯特里赫特市附近的一个白垩石采石场中发现了一只蜥蜴的化石头骨。这只蜥蜴的头骨被尊为《圣经》大洪水之前的遗物，但人们对其分类问题存在争议，有人把它归为大型鳄鱼，甚至有人认为这是鲸鱼。这个头骨在1795年被入侵荷兰的法国士兵获得，带回巴黎并赠送给居维叶。居维叶主要根据它的牙齿，确定这种生物是一种水生蜥蜴。它最终被命名为 Mosasaurus（沧龙），字面意思是"马斯河的蜥蜴"，现在被认为是巨蜥、壁虎和其他蜥蜴的祖先。

19世纪下半叶最著名的化石是一种大得难以想象的食草动物，由玛丽·安·曼特尔（Mary Ann Mantell,

约翰·马丁，《洪水之夜》（*The Evening of the Deluge*，1828）。对马丁来说，圣经时代的灾难和瘟疫，与原始世界没有什么不同。堕落天使与恶魔甚至有点儿像恐龙。

1795—1855）于 1822 年在苏塞克斯的一条乡村公路上发现，后来由她的丈夫吉迪恩·曼特尔（Gideon Mantell，1790—1852）进行分析鉴定。根据牙齿形状，吉迪恩确定它类似于鬣蜥（iguana），于是将其命名为禽龙（Iguanodon），并且推测其体长为 21 米。在重建骨架时，他错误地将一只爪子放在鼻子上，让化石看起来有点儿像犀牛的角。然而，直到与鬣蜥比较以后，吉迪恩才发现这一错误。他指出，鬣蜥通常"头部和鼻子上有角质突起"。在一幅素描中，曼特尔把这种生物描绘成一只体形巨大的鬣蜥，拖着一条非常长的尾巴，附属物并非位于身体下面，而是向外张开到了侧面。

约翰·马丁，《禽龙之国》（*The Country of the Iguanodon*, 1837）。这幅水彩画是吉迪恩·曼特尔的《地质学原理》的封面。在一个危机四伏、弱肉强食的世界里，一只禽龙正在与两只巨型恐龙进行殊死搏斗。

在 1851 年开幕的伦敦水晶宫展览中，禽龙被放置在恐龙岛的中央。恐龙展只是大型博览会的一部分，当时全世界的国家都被邀请展示它们在科学、工业和文化方面的成就。展览的作品横跨科学、表演、工业、奇幻、商业等多个领域，观展人员不仅能体会到人类社会取得的巨大进步，而且也能感受到类似于迪士尼乐园一般的欢乐氛围。人工岛上展示了各个时代的灭绝动物，这些动物的化石沉淀在不同岩层中。岛上除了大型哺乳动物以外，所有的动物基本上都是蜥蜴。1856 年《水晶宫和公园官方指南》将鱼龙称为"鱼蜥蜴"，将蛇颈龙称为"蛇蜥蜴"。

这些物种的模型由本杰明·沃特豪斯·霍金斯（Benjamin Waterhouse Hawkins, 1807—1894）建造。模型的铁框架中填充了大量的水泥、瓦片和石头。整个展览的中心是一只禽龙的化石，长约 11 米。吉迪恩·曼特尔认为这种动物除了鼻子上的角之外，几乎与鬣蜥一模一样，但要制作一个鬣蜥那样相对细长的身体模型，包括长长的尾巴，而且要非常坚固，几乎是不可能的事情。于是，霍金斯在理查德·欧文的指导下，把腿部做得更粗，肌肉更明显，直接放在躯干下面，并给模型制作了一个相对较短且较重的尾巴。

可以说在某种程度上，这些灭绝生物的岛屿被设计成了"恐怖之家"来吸引游客。即使是像禽龙这样的食草动物的雕塑也非常强调它们巨大的牙齿，以至于公众有时会把它们当成食肉动物。肌肉发达的身体、巨大的爪子、充

本杰明·沃特豪斯·霍金斯正在制作禽龙和其他恐龙的雕塑。1854年摄于霍金斯的西德纳姆（Sydenham）工作室。画面左侧小鸟所在的木板上趴着一只古兽，它巨大的体形和地面上的老鼠形成了鲜明的对比。

满威胁的姿势和凶神恶煞的眼睛，无疑都给人留下了可怕的印象。1855年的一幅漫画《潘趣》描绘了一个浮夸的老师牵着一个吓坏了的小男孩站在巨大的蜥蜴中间的场景，仿佛是在嘲讽这些模型的"教育价值"。尽管如此，霍金斯总是尽力不让公众感到害怕或不安，而水晶宫公园就像

105

约翰·利奇（John Leech）的漫画，画中老师拉着一个吓坏了的男孩穿过水晶宫恐龙展区。出自《潘趣年鉴》（*Punch Almanack*，1855）。和游乐园里的"恐怖之家"一样，恐龙只是为了吓唬人，并不会造成任何伤害。

是一个孩子们喜欢的冒险乐园。他制作的恐龙模型看起有些吓人，但都并非处于捕食状态中。霍金斯这种侧面展示暴力的手法可能反而给人留下了恐龙笨拙而迟钝的印象。

1854 年，以灭绝动物为主题的公园广受好评。尽管这些模型在几年内就因为新的古生物学发现而显得过时了，但它们的人气从未衰减，时至今日仍有许多人参观。这些模型激发了人们对恐龙的迷恋，而恐龙作为大型蜥蜴的形象，至今仍然伴随着我们，尽管几十年来在许多细节上发生了变化，但这些形象仍然是流行文化的基调。

展览开幕式的高潮是 1853 年最后一天在一个禽龙模型内为 21 位客人举行的晚宴，其中大部分是科学家和官员。晚宴上觥筹交错，歌声四起。其中有一首歌是这么唱的：

它的骨骸曾深埋地下千年，

而今活力重回它那又大又圆的躯体。

副歌：

这头快乐的老野兽没有死去。

你看它又活过来了！（咆哮）

在某种程度上，这首歌否认了生物灭绝的可能性。而这种可能性一直让丁尼生等人感到惴惴不安。

水晶宫公园的展览，强烈地透露出爬行动物的时代并未远去的认知：也许这些爬行动物仍然生存在世界上某个偏远地区。关于这一想法的文献记载，最早可追溯的也许就是儒勒·凡尔纳（Jules Verne，1828—1905）的小说《地心之旅》（*Journey to the Centre of the Earth*）。该书出版于1864年，也就是水晶宫公园开放10年后。该书的灵感部分来自这样一个观念：岩石中的地层包含了早期地质年代的生物遗骸，因此向地心探索有可能会有新的地质

约翰·威克斯，《自然集会》（*Nature's Gathering*，1854）。图中岩石上面的是鬣蜥。下面的这只是菲律宾海蜥，两只蜥蜴的模型都在水晶公园恐龙展中占据重要位置。它们的分布范围很不一样，而且都不是欧洲本土物种，所以背景中的欧洲城堡显得不太合理。

发现。该书还描述了一场原始泰坦的战斗,这一主题已经被约翰·马丁等艺术家描绘过,而水晶宫公园的雕塑也间接地透露着一股诸神之战的味道。该书的叙事者在和其他探险者一起下降到火山后,目睹了鱼龙和蛇颈龙之间的争斗:两只怪物在大海里引发了这场骚动,我仿佛看到了原始时代的两只爬行动物……这些殊死搏斗的巨兽引发了滔天的巨浪……

这场战斗持续了几个小时,双方的怒火丝毫未减。突然间,蛇颈龙从水面上抬起硕大的头部,露出致命的伤口,而后倒下身亡,溅起巨大的水花。

对维多利亚时代的人来说,这种愤怒的战斗充满了原始的味道,很适合深海爬行动物。事实上,爬行动物之间的争斗通常很短暂,如果一时半会儿分不出高下,争斗的双方就会偃旗息鼓。凡尔纳笔下的深海蜥蜴和人类更为相似,它们会毫无理由地参与战斗,直到死亡。

这两只怪物的形象不仅体现了达尔文物竞天择的思想，也反映了时人对于"优势物种"价值观的普遍认可。为了海洋的统治权，鱼龙和蛇颈龙以一种类人的方式战斗。但是，当我们说如今人类是"优势物种"时，其背后的含义到底是什么？也许我们指的是人口在不断增长，但人类的数量远不及蚂蚁或蜗牛。水母的历史几乎可以追溯到这个星球上生命的源头，它们的数量远远领先于我们人类，而且还在不断增长。如果我们的意思是人类有能力按照自己的意愿改造环境，但这种改造环境的自由可能是一种幻觉，毕竟人类连改革自己的制度都很困难。当我们说恐龙在侏罗纪时期"占主导地位"时，我们通常使用完全不同的标准——体形大小和生物多样性。

2008 年，美国历史频道甚至有一个名为"侏罗纪博击俱乐部"的周更节目，讲述了由计算机生成的恐龙之间的血腥战斗，如"异龙对角龙"或"巨龙对霸王龙"。解说员评论这些动作的战略和战术，听起来就像在解说一场

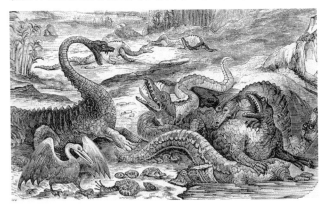

《约翰逊自然史》（*Johnson's Natural History*，1867）中的恐龙。有些画作是从约翰·马丁的作品中复制的，但它们的排列方式很新颖。和其他作品的呈现方式很类似，这幅画中的恐龙相互堆叠，彼此缠绕，互相撕咬。

综合格斗比赛。当其中一只恐龙获胜时，解说员往往会告诉观众，胜利只是暂时的，因为胜利者很快就会成为其他攻击者、疾病或饥饿的牺牲品。

对维多利亚时代的人来说，恐龙生活在一个原始而混沌的世界。和暴风雨、地震以及火山喷发一样，体形庞大的蜥蜴也展现出了大自然惊人的破坏力。到了20世纪中叶，随着核武器的发明，人类在能量利用方面达到了前所未有的高度。在冷战时期，冷战双方的人民都生活在核战争的恐惧之中，这场随时可能爆发的战争也许会消灭所有人类。

1954年，日本东宝工作室发行的电影《哥斯拉》，有意无意间延续了维多利亚时代的浪漫恐怖传统。在电影中，哥斯拉是一只巨大的蜥蜴。一次水下氢弹测试让哥斯拉从海洋深处苏醒。这只巨兽在东京横冲直撞，一座座高楼大

儒勒·凡尔纳《地心游记》中的插图，描绘了蛇颈龙与鱼龙争斗的场景（1864）。

水爆大怪獣映画
ゴジラ

原作 香山 滋
監督 本多猪四郎

製作 田中友幸
脚本 村田武雄 本多猪四郎
音楽 伊福部昭
撮影 玉井正夫
美術 中古智 北猛夫
照明 石井長四郎
録音 下永尚
特殊技術 円谷英二
助監督 梶田興治
製作主任 森岩雄

宝田明 河内桃子 平田昭彦 志村喬 他

放射能を吐く大怪獣の暴威は日本全土を恐怖のドン底に巻き込んだ！
ゴジラが銀座を蹂躙か 驚異と戦慄の大攻防戦！

東宝株式会社 製作・配給

1954 年上映的日本原版《哥斯拉》的海报。当时，人们对广岛、长崎等许多日本城市遭受的轰炸仍记忆犹新，因此轰炸机和燃烧的建筑很容易就能让观众产生共鸣。这部电影在商业上取得了巨大的成功，催生了一系列的旁支产品，并且还在不断拓展下去。观众常拿哥斯拉和其他巨兽对比，比如金刚。在 1971 年的电影《哥斯拉对黑多拉》中，哥斯拉成了人类的守护者，共同对抗诞生于工业污染的"烟雾怪兽"黑多拉。尽管哥斯拉看起来无比强大，观众总是能在各种作品中看到哥斯拉一次又一次地死亡，然后复活。最重要的是，初代《哥斯拉》开创了一个电影套路，即曾经统治地球的原始巨兽重回人间，惩罚破坏自然的人类。

厦纷纷倒塌。在几次失败的尝试后，日军最终用生化武器杀死了哥斯拉。尽管如此，一位科学家仍然警告说，今后的核试验可能会唤醒其他怪物。

哥斯拉的原型主要是霸王龙，但背部有一排像剑龙一样的刺。和日本龙一样，哥斯拉有 4 只爪子，生活在大海深处。和西方的龙类似的是，哥斯拉能够喷火，尽管火焰呈射线状。尽管哥斯拉破坏力惊人，但它和广岛和长崎的人民一样，也是核武器的受害者。哥斯拉由一个穿着蜥蜴服装的演员扮演，通过富有感染力的肢体动作，观众从哥斯拉的死亡中感到了某种悲伤。

尽管在过去的一个半世纪里有了许多新的科学发现，但公众的普遍认知仍然停留在"恐龙是强化版蜥蜴"。古生物学家罗伯特·巴克（Robert Bakker）在1968年春季的《发现》杂志上发表了一篇题为《恐龙的优势》的文章，激发了公众对早已灭绝的利维坦的热情。最早的哺乳动物是像啮齿类一样的小型生物，它们出现在三叠纪早期（约2.05亿年前），比最原始的恐龙早了约2000万年。人们把演化理解为在自然选择作用下的逐步改进过程，这就引发了一个问题：如果恐龙本质上类似于我们今天所熟知的蜥蜴，那它们究竟怎样才能在竞争中击败哺乳动物，成为地球上的霸主呢？它们是如何变得体形如此庞大、形态如此多样，且数量众多的呢？

巴克的答案是，恐龙应该类似于今天的哺乳动物。它们是温血动物，因此能够源源不断地产生热量。此外，恐龙还比许多科学家此前认为的更聪明。经过广泛的辩论，古生物学家们达成了这样一个共识：骨骼化石根本无法提供充足的证据来说明恐龙是如何调节体温的。同时，人们对这个问题的复杂性有了新的认知。

学界普遍采用的温血/冷血二分法显得过于简单了。许多动物能够以多种方式调节体温，甚至能够在生命的不同阶段以不同的方式调节体温。蜜蜂通过肌肉颤动来升高体温。变色龙、鬣蜥和其他蜥蜴类会将身体的颜色变暗以减少热量流失。鱼类和其他变温动物会释放化学物质，以防止自己在寒冷天气中被冻死。无论是爬行动物还是哺乳动物，冬眠时都会降低体温。人类也许是恒温动物，但我们不仅能通过新陈代谢产生热量，还可以通过其他方式调节体温，包括衣服、空调和中央暖气。

　　并非所有的恐龙都是以同样的方式调节体温的，有些恐龙的调节方式可能与任何现存的哺乳动物或爬行动物都不一样。许多恐龙之所以能够维持恒定的体温，仅仅是因为它们巨大的体形保证了热量不会迅速流失。无论如何，学界对恐龙习性的新发现远没有大多数人想象的那么神奇。约翰·马丁在维多利亚时代的恐龙绘画表明，当时人们普遍认为恐龙都有着矫健的身手，是一群经常扑向对方，互相撕咬的生物。尽管巴克似乎没有意识到这一点，但他

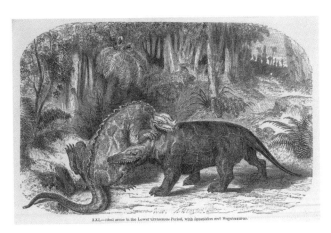

XXI.—Ideal scene in the Lower Cretaceous Period, with Iguanodon and Megalosaurus.

图中一只禽龙在与一只斑龙战斗。出自《盖特利的世界进步史》(Gately's World Progress, 1886)，作者为C. E. 比尔 (C. E. Beale)。自从恐龙被发现以来，公众一直对这些"泰坦"之间的战斗很着迷，并且往往把它们想象成身手不凡的怪物。

其实深刻地影响了大多数电影和通俗文学中的恐龙形象。换句话说，一直以来公众对恐龙形象的认知，近似于传说中的龙。

这些争论确实提高了恐龙的地位，尽管这不是最初宣传恐龙的创作者的初衷。这些创作者并没有体现出恐龙像哺乳动物的一面，但他们确实表明了一点：拥有活泼、有趣、聪明等特质的恐龙，并不一定非长得像哺乳动物。传统意义

出自《图像百科全书》(*The Iconographic Encyclopedia*, 1857)。这幅画把各种爬行动物和两栖动物，特别是鳄鱼，描绘成无情的掠食者。虽然表现手法有些夸张，但鳄鱼过去是，现在仍然是世界许多地区人们常遇到的威胁。

上，温血和冷血是衡量动物价值和重要性的指标，处于价值高位的自然是恒温动物，而新的研究模糊了二者的分界。

这种划分方法至少可以追溯到琐罗亚斯德教。该教派认为，温血动物是由阿胡拉·马兹达创造的，而冷血动物则是由阿赫里曼创造的。这种观念后来通过《利未记》被纳入亚伯拉罕的信仰当中。在《利未记》中，除了少数例外，温血动物被认为是"洁净的"，而冷血动物则是"不洁净的"。在此后的人类文化中，这种动物学上"我们的同类"（与人类相似的动物）和"其他动物"之间的区别对待被延续了下来。在第 10 版的《自然系统》（1758）中，林奈将两栖纲中的动物（包括爬行动物和两栖动物）描述为"肮脏而令人厌恶的"。他补充道："大多数两栖动物（即变温动物）都令人憎恶，它们有着冰冷的身体、苍白的颜色、软骨般的骨骼、柔软的皮肤、丑陋的外表、精于算计的眼睛、令人讨厌的气味、刺耳的声音、肮脏的住所和可怕的毒液，显然造物主在创造这些生物时并未尽心尽力。"因此，形容某个人"冷血"通常意味着这个人冷酷无情，甚至可能是一个顽固的罪犯。

然而事实上，哺乳动物中的捕食者在捕猎时的"热情"丝毫不亚于爬行动物，而且几乎从来不会表示出悔恨的意思。在过去的几十年里，人们已经学会以更积极的方式看待恐龙、蜥蜴和其他爬行动物。在流行文化中虚构的蜥蜴，如英国电视节目《神秘博士》中的生物，开始变得更加拟人化，哪怕它们的性格并不总是那么温和。

1990 年迈克尔·克莱顿（Michael Crichton）出版的《侏罗纪公园》，不可避免地受到了当时诸多关于恐龙的争议话题的影响。作者在书中时而美化科学家，时而为他们打抱不平，时而又采取批评的姿态。故事开始时，许多神秘的蜥蜴在哥斯达黎加现身，其中一只蜥蜴咬了一个孩子。调查人员发现，这些蜥蜴实际上是一位古怪的亿万富翁在附近一个岛上的主题公园里饲养的恐龙。这些恐龙是被科学家克隆出来的，并且在出生后被严加看管，所以一开始负责公园运作的科学家和技术人员都不相信这些恐龙能够繁殖或逃脱。原本计划中，这些克隆出来的恐龙都是雌性，并且每一只都会有计算机不断跟踪监测。但一位专门研究混沌理论的数学家警告说，要实现期望中的场景，涉及太多的变量，因此无法预测真实情况。而实际上，用于克隆的恐龙基因是从琥珀中提取的。由于没有获取完整的基因链，科学家们把一只能够改变性别的青蛙的基因和恐龙的基因拼接在一起的，并把这种能力遗传给恐龙，使它们获得繁殖的能力，同时采取了全面的预防措施。

书中的大部分内容都是追逐的场景。科学家、工程师和官员们在几个孩子的陪同下，试图遏制并制服恐龙，尤其是那些会吃人的恐龙。许多人被恐龙杀死以后，幸存者被直升机带走，之后哥斯达黎加空军用炸弹摧毁了岛上的恐龙。但此时生态灾难已无法挽回，一群野生恐龙已经逃到哥斯达黎加雨林中。

无论克莱顿是否有意模仿水晶宫的恐龙展，甚至无论

布莱恩·塔尔博特
（Bryan Talbot），
插画出自漫画小说
《黑色怪兽》（*Bête
Noire*，2012）。图
中这只哺乳动物认
为，爬行动物都是
"野兽"。

他是否知道水晶宫公园，二者之间的相似之处是显而易见的。除了采用的技术不同之外，这两个主题公园还有一个明显区别，侏罗纪公园的故事旨在展示当代科学的潜在危险，而水晶宫公园则是庆祝人类知识进步的一场盛会。然而，早期恐龙研究中展现的暴力元素表明，在水晶宫公园弥漫的乐观情绪背后，隐藏着某种矛盾的心理。这本书用混沌理论来解释恐龙时代，尽管有些后现代色彩，但在维多利亚时期就已有踪迹可寻：那个时代的思想家普遍认为大型爬行动物生活在一个混乱无序的时代。

　　两个主题公园都被放置在岛屿上，在接近现代文明的同时又保持着一定距离。二者在设计风格上追求恐怖刺激的视觉效果，但实际上都不危险。二者都将科学、商业和娱乐有机地融合在一起，并在某种程度上都是为了再现古代的恐龙，也都包含了大量精巧的构思。也许最显而易见的是，二者都认为恐龙高度活跃，十分危险，并且大多数都是贪得无厌的食肉动物，几乎每天醒过来就开始捕猎或进食。最后这一点，在史蒂文·斯皮尔伯格根据本书改编并于1993年上映的大片《侏罗纪公园》中体现得淋漓尽致。《侏罗纪公园》本质上是一部充斥着尖叫声的老式恐怖电影，只是血腥场景稍微少一些。

这部电影上映后立即成为一棵让环球影业赚得盆满钵满的摇钱树。如果说第一部电影更像水晶宫公园中展出的恐龙的话，那么它的续作则能看到不少约翰·马丁的恐龙

当时关于霸王龙和体形更小速度更快的近亲——恐爪龙的绘画。和当前最新的画作一样，这幅画也融入了当时关于恐龙形态方面的新发现，比如霸王龙不像今天的大多数蜥蜴那样会拖着尾巴前行，不过霸王龙肆意捕猎的残暴性格和当年本杰明·沃特豪斯·霍金斯以及约翰·马丁的作品并没有显著的区别。

在纽约哈德逊河畔克罗顿的范考特兰庄园举行的秋日活动中，一只由点燃的南瓜灯制成的火焰恐龙。如今恐龙和小妖精、鬼魂以及女巫一道，成为了万圣节等庆祝活动的常客。

基于电影《侏罗纪公园》中那只袭击汽车的恐龙创作的模型，意大利都灵国家博物馆，1993年。这只怪物很好地展现了人类暴力破坏的一面。

绘画的影子。第一部续集的名字叫作《侏罗纪公园2：失落的世界》，根据克莱顿的同名小说改编，于1997年上映。

电影中，恐龙被关在一个重建后的公园里，而基因工程不仅让这些恐龙体形变大，性情也变得更加狂躁，这些都是为了满足公众对影片刺激的追求。这些恐龙逃脱以后肆意破坏、相互残杀、吞食人类，直到军队到来才被制服。值得注意的是，尽管已有科学发现表明，恐龙的习性并非如此，但自维多利亚时代以来，我们对这些巨兽的印象几乎从未改变。这种恐龙形象可以追溯到更古老的原型：逃跑的恐龙代表了原始灾难的爆发，这与提雅玛的孩子、希腊神话中的泰坦或天启中出现的龙的形象没有什么不同。

龙和恐龙等"巨型蜥蜴"是许多文艺作品创作的灵感源泉，无论这些作品是属于宗教、传说还是科学的范畴。也许这些活动的边界远比人们想象的要模糊得多。哥斯达黎加空军轰炸侏罗纪公园里的恐龙，不过是马杜克杀死蒂亚马特或圣乔治屠龙的套路在克莱顿的小说中复现而已。正如朱迪·艾伦（Judy Allen）和珍妮·格里菲斯（Jeanne Griffiths）所言：

> 龙作为源生之水，或者作为混乱的化身，它们屡次被杀死的过程其实也是创作的一部分。有时龙的身体支撑着宇宙有序地运行，有时是它们则站到了秩序的对立面，成了破坏的象征。

讽刺的是，蜥蜴通常是人畜无害的动物，却总是被人类描绘成如此恐怖的存在。除了极少数例外，大多数的蜥蜴不像蛇那样会分泌毒液，它们也不像老虎和熊那样会把人扑倒。据我们所知，从来没有哪种蜥蜴能够像蚊子或啮齿动物那样携带造成大流行病的病原体。然而我们在脑海中联想到的蜥蜴形象，往往比上述这些生物都更可怕。也许部分原因是它们本来无辜的特质反而适合扮演反面角色，有点像恐怖电影中的邪典儿童。

另一种解释是，对蜥蜴的恐惧可能是人类"集体无意识"的一部分，这是卡尔·古斯塔夫·荣格提出的概念。对这一观点最著名的阐释出自畅销书《伊甸园之龙》（*Dragons of Eden*），该书的作者是一位叫作卡尔·萨根的科学家。他认为，人类对龙的恐惧是遗传自我们的祖先遇到大型爬行动物时的集体记忆。卡尔·萨根无法解释这件事发生的时间和过程，而他提出的猜想可以说是天马行空了：

> 会不会有类人的生物曾经遇到过霸王龙？会不会有恐龙从白垩纪的大灭绝中幸存了下来？在儿童开始学会说话以后，就会出现噩梦缠身和对怪物莫名恐惧的现象，这些是否是早期人类应对恐龙和猫头鹰的反应，就像狒狒那样？

虽然蜥蜴的化石记录非常零碎，但我们知道澳大利亚的古巨蜥体长可达 6 米以上，大约是最大的科莫多巨蜥的两倍，并且可能会吃人。巨蜥大约在 19 000 年前灭绝，这意味着在神话或洞穴壁画中也许有关于巨蜥的记载。尽管萨根的猜想有些跳跃，但为什么大型蜥蜴如此令人着迷，我们也没有更好的解释。

第五章 艺术作品中的蜥蜴

如果你生活在恶龙附近，你最好把龙怒纳入你的考量范围中。

J.R.R. 托尔金（J.R.R. Tolkien）《霍比特人》

如果把各种龙（包括恐龙）都算作蜥蜴，那么世界各地的艺术中展现蜥蜴的作品可能比其他任何动物都要多。然而，如果不把龙算作蜥蜴，你就会发现关于蜥蜴的艺术作品寥寥无几。这些艺术家们也许觉得，龙无论善恶都是令人敬畏的存在，因此一幅逼真的小型蜥蜴的画作，可能会贬低龙的地位。不过，这一章的内容是关于现实存在的蜥蜴的。确切来说，是关于蜥蜴和龙的区别（也许二者从来没有成功区分过）。

蜥蜴非常优雅，因此在许多美洲土著文化中，它们经常作为装饰物出现在碗和其他手工艺品上。然而即使在中国、日本和其他对昆虫等小型生物有着强烈的喜好的东亚地区，蜥蜴（不包括龙）的绘画作品也很罕见。即便有人一开始打算画蜥蜴，最后也会画成一条龙。

如果不那么较真的话，我们可以把蜥蜴和蜈蚣、蛛形纲动物以及蛇等"令人毛骨悚然的动物"算作一类。有人认为这些动物很恶心，但也有人认为它们很迷人。它们经常出没在人迹罕至的偏远地区，如干旱的平原或者森林里阴凉的沼泽地。这些曾是传说中亡灵巫师召唤魔鬼或女巫进行安息日祭典的地方，这种与世隔绝的环境赋予了这些生物某种可怕，甚至邪恶的特质。

不过这些地区的生物，尤其是蜥蜴，往往也给人留下了无比坚韧、生生不息的印象。和蛇一样，蜥蜴也会蜕皮，但每次只会脱落一小部分皮肤。这两种爬行动物都能够作为重生的象征。并且二者都拥有非凡的恢复能力，许多蜥蜴甚至会主动断尾并长出新的尾巴。对于文艺复兴后期和现代早期的艺术家和科研人员来说，这些荒郊野岭往往笼罩在某种神圣的氛围当中。

据圣经记载，蛇引诱夏娃偷食禁果后遭上帝诅咒，让其贴地爬行，终生吃土（出自《创世记》）。这种说法似乎在暗示蛇曾经有过其他的运动形式。犹太教的拉比普遍认为蛇在堕落之前是有手有脚的。伊甸之蛇是一种模棱两可、模糊不清的"蛇"，而在基督教和犹太教的宗教故事中，动物和人之间是有着明显区别的，因此这条蛇的存在就显得有些突兀了。

到了中世纪晚期，天堂里的蛇经常被描绘成上半身是女性，下半身拖着一条长长的有鳞尾巴的形象。有时整个身体都是蛇的形态，但长着人脸和人的双臂，有时还长着人腿。在一些绘画中，主体显然是一只蜥蜴，如画家雨果·凡·德·古斯于1489年绘制的《亚当的堕落》(*The Fall of Adam*)。有时蛇也会被赋予蝎子或蝗虫的一些特征。

大约在1100年前，恶魔主要是以猴子为原型的，大多是黑色或深褐色。在接下来的两个世纪里，伊甸园之蛇，又称为"伊甸园古蛇"(dracontopedes)，成为各种奇异的

爬虫类恶魔的模板。这些新式恶魔通常有着深绿、浅绿、
红蓝等鲜艳的颜色。整个文艺复兴和近代早期，恶魔形象
中杂糅的成分越来越复杂。大约 14 世纪初，意大利的恶
魔形象逐渐从蛇转向蝙蝠和其他哺乳动物。

　　大约一个世纪后，以西诺雷利（Signorelli）和米开朗
基罗（Michelangelo）为首的艺术家开始将魔鬼描绘成人形，
只保留少部分野兽特征，如头上的角或蝙蝠翅膀，以展现
其恶魔的本性。这些恶魔通过他们的脸部表情以及紧绷的
肌肉表达愤怒。此时人文主义运动已经渗透到意大利文化
中，因此人才是善与恶的源头，而非自然。

　　以蜥蜴和其他爬行动物为原型的恶魔在北欧流行的时
间要长得多，特别是在德国和荷兰。在众多专门从事恶魔
绘画的艺术家中，最知名的是德国的马丁·松高尔（Martin

Schongauer，1440—1491）。他经常去港口附近的市场，观察那里出售的动物尸体以汲取灵感。在进行怪物创作时，他将几种动物的身体、头部、四肢和内脏自由地组合在一起。尽管这些创作充满了奇思妙想，但锥形的尾巴、鳞片、鳍冠和爪子等特征让它们看起来更像蜥蜴。在耶罗尼米斯·博斯（Hieronymus Bosch，1455—1516）的作品中，形似蜥蜴的恶魔随处可见。这些作品将艺术家无拘无束的创意与源自科学的好奇心有机地结合在一起，散发出一种迷人的恐惧氛围。耶罗尼米斯的许多作品都以沼泽为背景，这在此前的艺术家中并不常见，这些作品聚焦生命生长、腐烂、捕食和重生的循环。其中一个很好的例子是《天堂》，这是耶罗尼米斯 1501 年创作的三联画中的其中一幅，这三幅画的名字叫作《人间乐园》（*The Garden of Earthly Delights*）。

在天堂里到处都是崩坏的景象。在中央奇异喷泉的圆形开口处，一只猫头鹰向外张望，也许它是恶魔莉莉丝的化身。按照传统的基督教观念，动物直到大洪水以后才开始互相捕食，否则它们怎么在诺亚方舟里和平相处呢？但在这幅画的右下角，一只猫正准备吞食一只老鼠；而在左下角，一只蜥蜴正在吃一只青蛙或蟾蜍；在左上角，一只哺乳动物，也许是熊或狮子，正在吃另一只动物。

在画的中部右侧，可以看到一大群蜥蜴从湖面走向陆地，也许是在寻找阳光。其中一只蜥蜴有三个头，另一只穿着奇幻风格的盔甲，但大多数的蜥蜴还是写实风格的。站在今天的角度来看，这样的场景无疑是在展现生命的演

化过程始于海洋，也许当年博斯对这一发现早有预感。

在老彼得·布鲁格尔（Pieter Bruegel the Elder, 1528—1569）的一幅梦幻般的画作《发疯的玛格丽特》（ *Dulle Griet*, 1563）中，身穿盔甲的玛格丽特，右手拿着一把剑，左手拿着战利品，带领一群女性大肆劫掠。最左边的魔鬼浑身覆盖着圆形鳞片，咧开大嘴，双眼无神。两边的主角

耶罗尼米斯·博斯，"天堂"，三联画《人间乐园》(The Garden of Earthly Delights，1501)的左幅。注意中间偏右，正在从湖中爬出来的写实风格的蜥蜴。

都被奇幻生物所包围。一些蜥蜴散落在画面四周。当恶魔拉起通往地狱的吊桥时，两只逼真的蜥蜴从桥边坠落，一只蜥蜴正跌落水中。在玛格丽特下方，画的水平中央处，另一只蜥蜴以一种咄咄逼人的姿态耸立起来。这幅画的创作，正值女巫审判在欧洲愈演愈烈之时，凡是夜晚聚会的放荡女性都会被怀疑是主持安息日的女巫。蜥蜴和玛格丽特之间似乎有着某种联系，玛格丽特看起来有点像一只小型爬行动物，她穿着一件棕绿色的衣服，刻意伸长脖子，一个瓶子像尾巴一样从背后延伸出来。也许我们无法解释照片中所有的象征，但玛格丽特似乎是一个女巫，而旁边的蜥蜴则是她的仆役。

要清楚地区分蜥蜴和龙，需要我们深入了解自然历史的艺术。直到近代，动物学才剥去了许多虚幻的装饰，还原出我们今天所熟知的"蜥蜴"。但我们不应忘记：科学，尤其是早期阶段的科学，是由宗教热情驱动的。理解世界的初衷，尤其是理解自然历史，是为了揭示上帝的意图。这也意味着，那些原本看起来可怕的生物以及偏僻的环境，成为研究上帝造物的窗口。

一位不知名作家（可能是亚历山大）在 4 世纪以生理学家的名义写道，蜥蜴可以再生的不仅仅是尾巴和皮肤。他报告说，"太阳蜥"（可能是我们现在所说的"壁蜥"）会在年老时失明。之后它会爬上一堵面朝东的墙，找到墙上的一条裂缝爬进去。当太阳再次从东方升起时，它的眼睛就会再次睁开。这位生理学家在书中写道：

　　而你……看到了没，当你心灵之眼被蒙蔽时，老彼得·布鲁格尔，《发疯的玛格丽特》（1562）。

《发疯的玛格丽特》细节。右边的两只蜥蜴，以及少数写实的动物正准备离开地狱，此时吊桥被拉起，其中一只蜥蜴潜入水中。

你会寻找……天啊……正如使徒所说，"它是代表
正义的太阳"，它必为你开启心灵智慧的明目，使
你的旧衣变为新裳。

　　虽然作者并没有解释蜥蜴是如何在没有视力的情况下
爬墙或钻入裂缝的，但该书的读者主要是对宗教课感兴趣。
在此后 1000 年里，这段话会在中世纪的动物寓言中不断
重现。

　　因此，蜥蜴成了施洗圣约翰的一个属性。和爬行动物
一样，约翰也生活在荒野中。事实上，他甚至靠"蜂蜜和
蝗虫"生存，而这些可是蜥蜴吃的东西。正如圣约翰寻找
基督一样，蜥蜴也在寻找光明。这种象征以世俗化的形式
延续了下来，成了自然史研究的推动力。在近代早期，光
作为神圣智慧的体现，为牛顿等科学家和歌德等诗人所痴
迷。光也是意大利和荷兰的画家所关注的主题，许多蜥蜴
对光的反应引起了这些画家的关注和兴趣。

　　自罗马帝国末期，由于圣经对"人文主义"思想表达
的禁锢，西方的艺术在很大程度上有着浓厚的宗教性质。
拜占庭帝国的艺术风格十分写意，画家不仅是忽视，而且
故意扭曲了透视原理。他们把背景中的人物画得很大，而
前景中的人物却画得很小。他们还刻意避免描绘圣徒或罪
人的面部表情，因为他们并非在描绘某一时刻的人物，而
是从永恒的角度进行绘画的，也因此这些画作的地形风貌
大都十分简略。伊斯兰和犹太艺术家往往更进一步，他们
完全抛弃了绘画，而是选择创作复杂的几何图形。

　　中国、日本等东亚地区的传统绘画更注重观察细节，

这种风格后来逐渐传播到了西方。当穆斯林莫卧儿在17世纪征服印度大部分地区时，他们将传统伊斯兰艺术的简约线条与印度教对动物的敬畏结合在一起，形成了新的艺术风格。早期的莫卧儿君主，包括巴布尔、阿克巴和贾汉吉尔，都很热爱自然，也热衷于艺术赞助。他们的赞助带来了许多精美细致的画作，涉及鸟类、昆虫和其他动物，其中一些作品后来被带到英国和欧洲大陆，并在大英帝国时期大放异彩。但令人惊讶的是，即使在东亚、印度和近东艺术家的绘画作品中，蜥蜴也并不常见，可能是因为它们仍然会让人联想到龙。

在西方，中世纪晚期和文艺复兴时期的泥金装饰手抄本边缘成为了艺术家自由创作的小天地，不受宗教或世俗的种种束缚。在这里，画家可以根据自己的喜好，随心所欲地创作幻想、写实、抒情或滑稽风格的作品。在中世纪后期和文艺复兴时期的祈祷书中出现的作品，其风格之奔放，可以说前所未有。人与兽的头和躯干从植物的茎中长出来，兔子把被制服的猎人的脚串起来当作猎物，穿着盔甲的骑士与巨大的蜗牛对峙，半人马用弓箭瞄准从自己的长尾巴中露出的人脸……但在手稿的边缘，我们也能欣赏到许多细节丰富且逼真的小动物，这在西方艺术中是前所未有的。这些图画的背景大多是对称排列的花朵和其他植被。被花朵吸引的蝴蝶、飞蛾、蜻蜓，甚至偶尔出现的蜥蜴，都有保留了大量的逼真细节。

文艺复兴正处于一个全球化扩张的时代。在这一时期，海船从远方带回的不仅是新思想和金银财宝，也带回了植物标本、动物皮、骷髅、植物插图和各种稀奇古怪的东西，

《发疯的玛格丽特》细节。发疯的玛格丽特下方的蜥蜴似乎在模仿她的姿势，这只蜥蜴可能是她的仆役。

其中很大一部分成了神圣罗马皇帝鲁道夫二世（Rudolf Ⅱ，1583—1612）的私人藏品。而贵族的宅邸中亦不乏上述藏品。这些藏品让画家得以更仔细地观察动植物个体，但这种观察也脱离了它们原本的自然环境。至于这些生物在自然环境中复杂的互动，当时的画家只是略知一二。其结果自然是油画和插图在细节上极其精确，但在生境描绘方面极具想象力。这些画家对阳光穿过花瓣并在水面反射的效果愈发痴迷，于是那些对光敏感的蜥蜴也成了他们描绘的对象。

　　法国陶艺家伯纳特·贝利希（Bernard Palissy，1510—1590）把龙从蜥蜴中，并把魔鬼从蛇中分离开来。他发明了一种新的方法，能够有效地避免此前的谬误。作为一位科学爱好者，伯纳特是最早一批认识到化石生成原理的人，这种洞察力也影响了他的艺术创作。他会拿一个白镴盘，把枯叶、贝壳和其他来自森林里的东西放在上面，然后用力压实。接着把蜥蜴、蛇、青蛙、鱼和其他小型生物放在上面，并制作成整个景观的黏土铸模，之后这个模具会被用来制作瓷盘或瓷碗。之后贝利希会手动添加一些细节，比如流水等，然后以棕色、绿色和蓝色为主色调绘制整个场景。最后一步是火烧，从而生成质地柔软、半透明的釉。他利用这种"乡下人瓷器"的工艺，制作了杯子，罐壶等物体。这种工艺的产物，其实就相当于人工化石。

　　虽然这是很科学的工艺，但其中也包含了创作者的哲

喜多川歌麿（*Kitagawa Utamaro*），描绘蛇与蜥蜴的木版画（1788）。两种爬行动物的线条与草木以及书法融为一体。歌麿在右上方写道："我给你寄了一封寄托哀思的长信，我把这封信写在了盘蛇一般的卷纸上……"

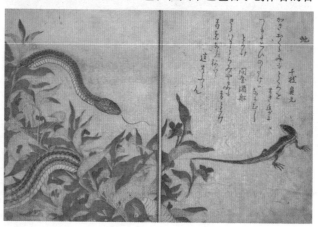

134

莫卧儿画家乌斯塔德·曼苏尔（Ustad Mansur）所绘的变色龙，17世纪初。清晰的线条、明亮的色彩，以及细致的观察是莫卧儿艺术家的特点。

思。贝利希认为，化石类似于炼金术士寻找的"哲学家石头"，制作化石是模仿上帝工作的一种方式。他的陶器工艺并不能把金属变成黄金，但却可以把树叶、蜥蜴或青蛙脆弱的身体永久地保留下来。贝利希是一个虔诚的胡根诺教徒，他最后死在巴士底狱时仍坚守着他的信仰。他觉得自己被某些隐秘的角落吸引，而许多和他同时代的人觉得这些不过是荒郊野岭。贝利希想要证明，即使在最荒凉的地方，也能找到上帝存在的痕迹。这是为了向世人展示，那些人迹罕至的林地和沼泽，实际上也是按照秩序运行的，而不是什么原始混沌之地。

贝利希作品中的对称风格也是为了表明这一点。他的作品通常包含一个四面环水的小岛，置于盘子中间。岛上有大型蜥蜴或蛇，周围分布较小的生物，可能还有一些和甲壳类动物在水里。对面的河岸上还有对称排列的蜥蜴、青蛙和蛇。这些动物本身也能形成某些几何形状。例如，蛇也许会盘成圆形，而蜥蜴的身体能够形成起伏的曲线。对贝利希来说，林地池塘周围的爬行动物、两栖动物、昆虫和甲壳纲动物形成的小生境，在许多方面与人类社会的文化、阶级和职业有着诸多相似之处。

在贝利希生活的时代，制陶技术是不公开的，通常彼此竞争的工坊都会严格保守秘密，因此贝利希也将他的制作工艺带进了坟墓。到了 19 世纪的前半叶，法国图

玛丽亚·西比拉·梅里安（Maria Sibylla Merian），阿根廷黑白南美蜥和白色孔雀蛱蝶在木薯枝上，《苏里南变态昆虫》（*Metamorphosis insectorum Surinamensium*，1719）插图。仔细观察，我们已经能够把蜥蜴和虚构的龙区分开来，尽管二者之间仍然有模糊的地方。

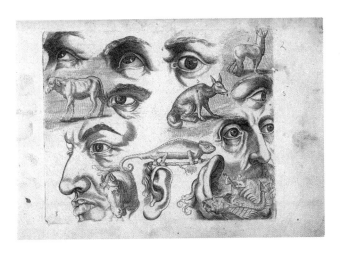

迈克尔·辛德斯
（Michael Synders），
《眼睛》（*Eyes*,
1610）。

尔市的查理·让·阿维索（Charles-Jean Avisseau，1796—1861）经过同样艰辛的试错过程，成功让贝利希的制作工艺重见天日。1851年，阿维索的陶器在伦敦水晶宫的展览中大放异彩。到了19世纪后期，欧洲时尚界也开始流行"贝利希陶器"，这些作品中常常包含蜥蜴纹饰。

当时新兴的面相学理论认为，一个人的性格可以通过他（她）的外表特征与动物的相似程度来确定。与贝利希不同，阿维索的作品是通过雕刻而非模具制成的。他的家里遍布各种蜥蜴，以及其他动物。贝利希是文艺复兴时期的艺术家，他对水、光线和空气的相互作用很感兴趣；而阿维索和其他欧洲浪漫主义者一样，对松布尔森林也很着迷。他的作品色调比贝利希更阴暗，密集程度也更高。从拉马克到达尔文的演化论赋予了沼泽和森林新的意义——这些地方也许是早期陆地生命的摇篮，而阿维索和其他制作贝利希陶器的艺术家则用一件件栩栩如生的作品向原始生命致敬。贝利希和阿维索并没有把龙从蜥蜴中区分出来，他们都把这两类生物安置在一个远离骑士掠夺的领域里。

在 17 世纪的荷兰，以花卉为主题的画作仍然透着一股轻快活泼的氛围，但这类绘画的知名度显然比不上以神话为主题的宗教绘画。然而在新兴的中产阶级中，"花卉"画的销量远远超过了其他主题的作品。"花瓶里的花"一度象征着"财源广进"的美好祝愿，同时鲜花易逝的特性，也提醒着世人珍惜尘世短暂的美好。人们通常认为光明是上帝的化身，而恶魔则委身于黑暗之中，因此描绘光影的技法暗示了二者之间永恒的斗争。

对于来自弗兰德斯的罗兰特·萨弗里（Roelant Savery，1576—1639）和来自荷兰的巴尔塔萨·范德阿斯特（Balthasar van der Ast，1593—1657）等艺术家来说，花是自然万物的中心。花朵吸引昆虫，昆虫又引来了捕食它们的爬行动物和两栖动物，所有这些生物都参与了出生、生长、腐烂和死亡的生命循环。把切下来的鲜花放在一个装有水的花瓶里，这仿佛在宣示人类对自然的驯服，这种驯服也包括了劳动带来的乐趣和不确定性。受到花朵吸引的冷血生物很好地展现出自然界的韧性，同时也给人类所谓的驯服能力打上了问号。

被垂死的花朵吸引的苍蝇代表着生命的腐朽，被鲜花吸引的蝴蝶则象征着重生，在花束底部的蛇以及蟾蜍，也许会让人联想到魔鬼。而蜥蜴则是其中形象最为模糊，因此也是最有趣的一类动物。作为追寻光明的生物，蜥蜴代表着永恒的生命，也是守护花朵、抵御害虫的护卫。在人类眼中，一只蜥蜴饥饿地看着蝴蝶，此时它仿佛是觊觎人

贝利希工作室制作的碗，16世纪晚期。在同时代的艺术家普遍认为充斥着野蛮和混沌的地方，贝利希却发现了秩序和对称之美。

致敬贝利希的碗，16世纪。与受其启发的19世纪陶艺家不同，贝利希的作品没有刻意展现掠食场景。本图中的蜥蜴和蛇并未像其他作品那样针锋相对，而是各朝一边。

（对页）奥托·马修斯·范·施里克，1650—1678。《森林地面的蛇、蜥蜴、蝴蝶和其他昆虫》（Snake, Lizards, Butterflies and other Insects）。蝴蝶和蛇是独居动物，而蜥蜴是群居动物。

巴尔塔萨·范德阿斯特，《静物：花朵、水果、贝壳和昆虫》（Still-life of Flowers, Fruit, Shells, and Insects，1629）。在17—18世纪，S形曲线通常被认为是最优美的图案，左边的蜥蜴就是很好的例证。

类灵魂的恶魔，而捕食苍蝇的蜥蜴则是护花使者。

与早期艺术家如博斯和贝利希一样，奥托·马修斯·范·施里克（Otto Marseus van Shrieck，1613—1678）也对荒地十分着迷，开创了"森林地面绘画"的艺术流派。他画笔下的花朵并非剪下来插在花瓶里的样子，而是生长在森林的偏僻角落里，周围是蕨类植物、蟾蜍和一些不明植物。画面中还混杂着来自不同地区的爬行动物和昆虫，这些生物是画家从古玩柜和自然历史书籍中了解到的。为了更好地展现艺术效果，它们的姿势和位置都经过了精心安排。范·施里克的作品着重展现捕食的场景，并且往往把爬行动物描绘成张开血盆大口扑向猎物的凶猛样子。

范·施里克保留了许多早期花朵绘画的惯例，但其描绘的场景有如破败荒芜的伊甸园，与博斯的作品风格不尽相同。范·施里克的画作中包含着诸多寓意，而之后的心

理学家如荣格（C. G. Jung）有意无意中受此启发，将人类的无意识思维与森林进行比较。画布中心的开花植物象征着知识之树，树上的花朵则犹如充满诱惑的果实，而画面底部的蜥蜴在仰望中流露出炽热的眼神，仿佛等待着亚当和夏娃踏入它的领域。这便是早期浪漫主义表达野性与渴望的方式。随着工业化的发展，这种渴望也与日俱增。这类绘画在17世纪下半叶盛行开来，范·施里克也成了艺术家广泛模仿的对象。

瑞秋·鲁伊斯（1664—1750）在范·施里克的影响下开始了她的职业生涯，有时也画一些森林的场景，但最终还是转向了更传统的花朵绘画。和范·施里克一样，瑞秋的作品中也常见到黑暗的背景、不对称的排列和阴影中的蜥蜴。不过相较捕食者与猎物间殊死争斗的画面，瑞秋对纹理、颜色和形状的微妙差别更感兴趣。她画笔下的蜥蜴似乎不是因为食物而被吸引到画面中，而是因为对光线和颜色的喜爱，这一点和人类很像。

瑞秋的画作主要展现的是自然界的动植物和人类文明之间的紧张氛围，这从其作品的背景就能看得出来。米开朗基罗·梅里西·达·卡拉瓦乔（1571—1610）在他1593年画的《被蜥蜴咬的男孩》（*Boy Bitten by a Lizard*）中，更为直白地展现了这一主题，或许其中还包含着一丝讽刺的意味。桌子上的物品是欧洲，特别是荷兰的静物画中的常见物品——插在花瓶里的一朵花、一些水果和一只蜥蜴。和北欧的艺术家一样，卡拉瓦乔着重渲染光线作用在图案和纹理上的效果。画中这个胖乎乎的男孩头上插着一朵花，

瑞秋·鲁伊斯,《静物：水果和蜥蜴》(*Still-life with Fruit and a Lizard*, 1710)。画中的蜥蜴和蝴蝶也许个头很小，但相比于其他静物，它们是整幅画中最具活力的部分。

显得有些娇气而颓废，也许这种气质源自其舒适的居住环境，而这也正是这类画家偏爱的场景。蜥蜴咬了这个男孩一口，于是他便痛苦地缩了回去——这是自然界的报复。激发男孩恐惧的并非蜥蜴的牙齿和爪子，而是"蜥蜴属于原始世界"的认知。在东亚，人们把原始世界视为宇宙能量的来源。而在西方人的认知里，尤其是近代早期和维多利亚时期，这是一个没有规则束缚、充满野蛮和掠夺的野

米开朗基罗·梅里西·达·卡拉瓦乔，《被蜥蜴咬的男孩》（*Boy Bitten by a Lizard*，1593）。画面中象征自然的蜥蜴试图抵御堕落男孩的驯服。

性世界。尽管我们人类费尽千辛万苦才从原始野蛮的泥淖中挣脱出来，但要堕落回去也很容易。每当有画家以写实的手法表现蜥蜴时，这种担忧害怕的情绪就会回归。从博斯描绘的阴郁天堂，到奥托·范·施里克画笔下的森林，再到约翰·马丁创作的原始海洋皆是如此。

随着欧洲西北部的大片森林被砍伐或置于人工管理之

下，大片的沼泽地逐渐干涸，而蜥蜴也变得更加稀少。也许正如16—17世纪的绘画中所表现的那样，某一天在荷兰的花瓶里的花朵确实吸引到了一只蜥蜴，但如今早见不到这样的场景了。即使是今天，估计蜥蜴的种群密度也不是一件容易的事情，因为蜥蜴通常独来独往，行事低调，而且分布范围很广。

在某种程度上，维多利亚时代创作仙女画的画家继承了范·施里克这类画家的传统，二者都对森林中的隐秘角落充满了迷恋。这种充斥着真菌、蕨类、昆虫和爬行动物的绘画，到了19世纪便已式微。与其说这里是唤醒人们原始记忆的地方，不如说是小仙女和精灵举行夜间狂欢的场所。在人口拥挤、高度城市化的国家，早已没有了超自然生物生存的空间，除非它们化身为小型生物。从民间传说对人物的描写，到许多流行文化对动物及其后代的描述中，我们都能看到"体形缩水"的现象。它们迷你的身型使得哪怕是普通的蜥蜴看起来都像龙一般威武。在古斯塔夫·多雷1873年为莎士比的戏剧《仲夏夜之梦》所绘的插画《仙女》中，小精灵骑乘的正是蜥蜴。

J. 格兰德维尔（让·伊格纳斯·伊西多尔·杰拉德的笔名，1803—1847）创作的讽刺虚构类版画，其中的主角往往融合了人和兽的特征。这些究竟是拟人化的动物还是兽化的男人和女人？谁知道呢。但在格兰德维尔眼里，哪怕是老虎和野牛都过于"拟人化"了，他最擅长画穿着军装的蚂蚱或围坐在宴会桌旁的鳄鱼。在生命的最后一年里，他与作家阿尔方斯·卡尔（Alphonse Karr）合作出版了一本名为《会动的花》（*Les Fleurs animées*）的书。在这本书中，他早年作品中的辛辣讽刺已被热情幽默所替代。书中女性被描绘成花朵，而男性则是爬行动物和昆虫，男人要么万般崇拜地围绕着女人转，要么以粗俗的语言冒犯她们，但始终无法进入女人的领域。例如，在一幅水仙花的插画中，一朵白色的、长着女性面庞的水仙花正在欣赏水面上自己的倒影，完全忽视了一旁苦苦望着她的蜥蜴。

在写实静物画和贝利希瓷器风格发展到一定程度后，

J. 格兰德维尔，《水仙》（*Narcisses*），《会动的花》（1867）中的插画。画中花仙子以花朵的形态回到人间，蜥蜴和昆虫则象征着男性。

蜥蜴就从艺术作品中消失了。曾有一段时期，它们作为珠宝设计的元素，偶尔也出现在家庭用品、皮革制品和纺织品上。但到了 20 世纪，蜥蜴，甚至包括龙，在西方艺术中几乎再也不见踪影。

而绘画作品的主题越来越多地从农村转移到城市环境。印象派画家也许还在画风景，但诸如克劳德·莫奈、皮埃尔·奥古斯特·雷诺阿和卡米耶·毕沙罗等画家已经把目光转向了公园、果园、花园等人工栽培的景观。其中达达派、未来派和立体派画家对机器的韵律都非常着迷。那个时代的画家们大都专注于展现社会议题或个人情感，而非自然世界。当两场具有空前破坏力的世界大战爆发后，许多艺术传统被打破了。人们普遍认为，那些专注于动植物绘画的艺术家只不过是在逃避现实。

但也有例外，比如德国表现派艺术家弗朗茨·马克

古斯塔夫·多雷，《花仙子》（ The Fairies, 1873 ）。在小矮人的世界里，所有物品都是微缩版的，而画面中间的蜥蜴则充当了坐骑。

147

（Franz Marc，1880—1914），他在晚年对动物愈发痴迷。马克擅长用"超脱现实"的颜色和线条来描绘动物，这不仅只是单纯地将动物外观风格化，而是认识到动物与我们有着非常不同的感知世界的方式后采取的艺术手法。当其他画家在努力展现人类的主观能动性时，他却试图描绘这个世界本身。他的画也许会被一匹马或一只狐狸看到，虽

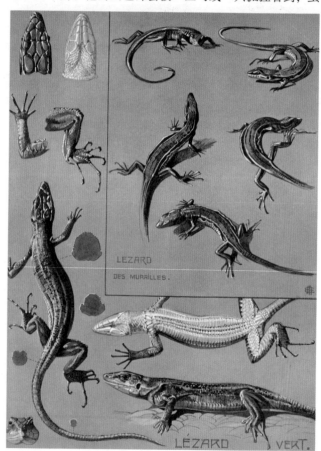

普通壁蜥和绿蜥蜴的插画，马图林·梅鄂（Mathurin Méheut），出自《动物研究》（Études d'animaux，1920）。作为一位布列塔尼画家，梅鄂选择和当时的时尚潮流保持距离，把精力主要放在了海景和动物绘画上。这幅插画着重展现了蜥蜴在运动中协调四肢和尾巴时的样子。

148

安东·塞德（Anton
Seder）的《装
饰艺术中的蒂
尔》（*Das Thier in
der decorativen
Kunst*, 1896）插
图。青春艺术风格
和新艺术风格的画
家——他们的作
品主要出现在画
册、海报和公共场
所——都被蜥蜴那
充满自然生机的曲
线所吸引。

然这对人类来说似乎没什么意义。在 1912 年题为《蜥蜴》
的木刻作品中，马克以蜥蜴的蜿蜒姿态为灵感创作出十分
抽象的图案。

　　当人类在 21 世纪初面临着生态灾难的巨大挑战时，
艺术作品中的动植物似乎并未受到影响。然而此时柔韧而
优雅的蜥蜴仍未回到艺术家的视野中。正如我们所看到的，
在流行文化中的蜥蜴完全是另一副形象，如《哥斯拉》中
从深渊唤醒的怪兽，或者《侏罗纪公园》里复活的恐龙。
也许以某种的方式，蜥蜴今天仍蛰伏在我们的潜意识中，
等待着被某场大灾难所唤醒。

第六章　今日蜥蜴

住在桑科树上的蜥蜴从不担心狮子的怒吼。

博茨瓦纳谚语

2015 年年初我第一次参观纽约威彻斯特县的爬行动物博览会时，看到入口处有两条长长的队伍，一直延伸到街区，这让我十分惊奇。巨大的展厅里挤满了人，而孩子们正全神贯注地看着大小颜色各异的蜥蜴。在爬行动物博览会上，近一半的展品都是娱乐性而非体现现实的，特别是与蜥蜴有关的展品。许多卖家在兜售以蜥蜴为主角的电影光盘，比如《哥斯拉》。也有不少蜥蜴模型出自《星球大战》《神秘博士》和其他幻想或科学题材作品。还有一些展台提供文身服务，或者在售卖写实或虚构的蜥蜴玩偶。

对于威彻斯特县博览会上的孩子们而言，蜥蜴就是龙，只是体形小一些。一方面这种幻想能够启发孩子更好地欣赏蜥蜴，从而培养他们保护蜥蜴的意识。而不利因素则是，不切实际的幻想也可能导致人们对真实的蜥蜴产生错误的认知。例如，一时冲动购买了蜥蜴当宠物，却不懂得怎么照顾它们，也不知道上哪去了解相关知识。幻想可以引导我们了解真正的蜥蜴，也可能让我们同蜥蜴渐行渐

远。与蜥蜴和两栖动物接触，即使是零星的接触，也滋养了我们对龙的许多幻想，让这类艺术创作不至于落入刻板和程式化的窠臼中。

归根结底，幻想只是人类与蜥蜴关系的一部分，谈不上是好是坏。我们对待不同动物，特别是家养动物的态度有着显著的区分。哪些动物有怎样的权限、职责，需要满足怎样的期望、需求等，这些都是非常不同的。即使是专门研究人与动物关系的学者，也很难解释得清楚。为什么当今的西方人吃猪肉而不吃狗肉？为什么牧羊人平日里对羊群呵护有加，而最终把羊送去宰杀的也是他们？为什么西方人无法像亚洲人和非洲人那样，对野狗熟视无睹？关于这类话题的文章很多，但能够给出完整答案的寥寥无几。

我们与这些动物的关系，很大程度上是由传统文化决定的。而传统文化的形成和发展，又源自数百年来人类和动物之间的互动。在不同的文化中，我们对动物的认知有

纽约市第81街地铁站内的马赛克作品。该地铁站紧邻美国自然历史博物馆。一只鬣蜥和一只变色龙栖息在该站的标志上方。蜥蜴在大众和流行艺术中的地位远比在高雅文化中的地位要高。

着巨大的差异，并且这种认知仍然在不断地演变中。如今人们饲养宠物，除了陪伴之外并无所求。这种现象主要是从西方兴起的。通常我们把动物分为宠物、牲畜、役用动物和野生动物，这种分类传统也是源自西方。

但只要回顾几个世纪以来，人类和动物之间的关系，我们便不难发现一些突出的主题。例如，我们把狗当作情感伴侣。相较人与人交往中充斥的沉默寡言、两面三刀和装腔作势，很多人都觉得在狗狗面前反而更容易做到真情流露。和信仰宗教的人一样，我们也会将不同动物与生活中的某种特质联系起来，如狗代表情感，猫代表家庭，鹿代表野性，鸟代表自由。

蜥蜴的文化史在很大程度上也是展现人类创造力的故事。如果人类文化是一个生态系统，那么蜥蜴就是这个系统的"指示种"。正如田地里蝴蝶的数量能够告诉我们环境状况，我们对蜥蜴的看法同样也能反映我们的文明。

虽然在受欢迎程度上远不如狗、猫和鸟类，但蜥蜴和其他爬行动物是欧洲和北美宠物市场中增长最迅速的品类。人们将蜥蜴当作宠物，部分原因是它们奇特的长相。蜥蜴有着丰富的色彩、装饰物和纹理，很容易让人联想到热带雨林和沙漠。相比之下，狗和猫就显得很单调了。但是和所有的宠物一样，蜥蜴需要一以贯之的细心呵护，主人必须注意到各种影响因素，如湿度、温度、空间、光线、食物，等等。主人必须定期检查蜥蜴是否有肿胀、寄生虫、溃疡或其他不正常的迹象。对神秘事物的热爱吸引着人们研究蜥蜴，但这份热爱同样也会驱使人们饲养稀有更加稀有的物种，哪怕照顾它们并不容易。这些动物不像猫那样对我们提出情感诉求，但它们是否也会对我们作出情感回应呢？

蜥蜴作为宠物的吸引力似乎并不像温血动物那样显而易见。蜥蜴能回应人类的情感吗？巨蜥和鞭尾蜥会对抚摸和触碰作出反应，但大多数蜥蜴没有这种能力，不过这并不会阻碍人们把玩和拥抱蜥蜴。两栖爬行动物学家怀疑，蜥蜴并不会对饲养者产生某种类人的情愫，但许多宠物主人坚信会的，哪怕他们没有任何证明的手段。

养宠物的乐趣，很大一部分在于它们能让我们获得远远超出人类社会层次的体验，但如今想在狗身上体验这种新奇的感觉已愈发困难。几乎所有的人类生活需求都被扩展到了狗身上。狗狗有自己的心理治疗师、名牌服装、抗抑郁药物、珠宝、电视频道、美食和酒店。狗被关在人造的狗屋里，失去了奔跑的自由。它们与人类共享衣食起居，并且经过全方位的训练后早已融入人类社会之中。长期以来，人们普遍认为猫是一种未完全驯化的宠物，它们并没有完全融入后工业社会的生活方式中，不过如今的猫已经不像早几代的祖先那么自由了。虽然偶尔也会给蜥蜴穿上皮夹克，戴上毡帽，但我们仍然能够明显感觉到蜥蜴是异世界的生物。

文西安·德普雷（Vinciane Despret）和坦普尔·葛兰丁（Temple Grandin）指出，尽管我们通常在情感范畴中在纽约威彻斯特的爬行动物博览会上，一位摊主展示了一条粘在她衣服上的澳大利亚鬃狮蜥。

蜥蜴会对人产生感情吗？威彻斯特县爬行动物博览会的这位参观者抱着一条原产于马达加斯加的黑豹变色龙。它把自己缠在这位参观者的手上，也许变色龙只是认为她是一棵树，不过变色龙至少有一只眼睛在看着她。

认识"移情"作用,但它也可以理解为"感知的视觉化集合"。这是一种不以怜悯为基础的同理心。事实上,在18世纪末到19世纪的浪漫主义思潮泛起之后,我们才基本上把个人身份认同视为一个感情问题。我一点儿也不怀疑蜥蜴和其他冷血动物拥有许多基本的情感,如愤怒或恐惧。不过我猜测,脱离客观对象的情感活动是一种人类特有的现象。蜥蜴的情感已经与它们的感知能力融为一体了,以至于任何试图区分蜥蜴感觉和知觉的讨论都显得十分可疑或毫无意义。我们认为情感是"内在"的体验,而我们的所见所闻是"外在"的。对于蜥蜴和其他爬行动物来说,客观存在和主观体验之间可能并不存在区别。它们以一种更全面的方式处理事件,而我们可以通过移情来"体验"蜥蜴的感受。我们之所以常把蜥蜴和龙联系在一起,大约是因为这些长着鳞片的小生物让我们联想到了原始世界。透过蜥蜴的眼睛,我们仿佛进入了侏罗纪公园。

如今,人类正在经历第六次生物大灭绝。环境学家估计,在未来几十年内,1/4的哺乳动物、1/5的爬行动物和1/6的鸟类会从地球上消失。造成这种现象的主要原因包括栖息地破坏、气候变化、动物种群的全球化、有毒化学物质和过度开发。整个过程的规模是如此之大,以至于我们很难单独预测某一种动物的命运,无论是蜥蜴还是人类。但在这里我想尝试一下,即使这听起来有点儿"以蜥为本"的嫌疑。在这场浩劫中,蜥蜴的命运尤其难以捉摸。也许是由于缺乏标志性事件,人们对蜥蜴所面临的危机估计不足。蜥蜴通常分布在地域辽阔、人口稀少的地区，而且大都是独居生物，这些特点使得我们很难估计蜥蜴的数量，即使是短期内种群数量迅速下降，我们也很难察觉。

另外，全球变暖也许对蜥蜴有利，因为它们的生存空间会随着热带区域一同扩张。大卫·爱登堡曾写道：

> 爬行动物是最早在旱地定居的大型动物，它们在能源利用方面非常经济高效，在即将到来的世界里，它们的帝国还会进一步扩张。

即使许多种类的蜥蜴在此过程中灭亡，存活下来的蜥蜴也很容易就能拓展其生存空间。这些蜥蜴也许最终会遍布世界各地——谁知道呢？假以时日，也许在人类灭绝之后，蜥蜴甚至可能创造出另一个"恐龙时代"。

6600万年前造成恐龙灭亡的第五次生物大灭绝，很大程度上是由一颗在墨西哥湾坠落的巨大小行星造成的，这场灾难也打断了许多物种的演化进程。无论如何，蜥蜴的未来并不完全取决于人类。认识到这一点的人也许会感到惊恐、困惑或欣慰。

随着宠物贸易的发展，野生动物的种群分布也在发生变化。20世纪70年代，杰克逊变色龙，一种来自东非的三角蜥蜴，通过宠物贸易被引入夏威夷，并迅速成为当地的野生物种。绿鬣蜥原产于拉丁美洲和加勒比地区，如今在美国夏威夷州、佛罗里达州和路易斯安那州已经成为野生物种。宠物饲养者发现这些蜥蜴能长到1~1.5米长时，便选择抛弃它们，显然这些人并没有做好饲养的准备。原产于南欧的普通壁蜥，已经在美国东北部的几个居民区，以及英国和加拿大的部分地区繁衍开来，它们大多是从宠物店或家里逃出来的。原产于非洲大部分地区的尼罗河巨蜥，如今在西班牙的加泰罗尼亚地区安了家。外来物种可能携带沙门氏菌，传播入侵植物，并与本地野生动物竞争，但引进物种的全部生态影响只有在未来几十年后才会显现出来。

毋庸置疑，蜥蜴的数量也受到了外来物种的影响。在第二次世界大战结束时，原产于澳大利亚的褐色树蛇被人无意中引入关岛。除了导致几种本地鸟类灭绝外，它们还破坏了当地石龙子和壁虎的种群。然而，野生动物种群的全球化早已成为趋势，以至于环保主义者很少想到要扭转这种局面，只是试图限制其负面影响。

关于如何应对野生动物全球化的讨论，其复杂程度往往令人生畏。这一现象往往让人们联想到移民问题的种种不堪，因此我们始终以一种很复杂的情感看待野生动物全球化。尽管该议题的辩论者几乎没有意识到，许多社会学的观念已经进入生态问题的辩论中。美国的一些外来物种，如椋鸟，即使过了一百多年，似乎仍然未能融入当地景观。而有的物种，如英国麻雀，虽然曾经为人所痛恨，如今已被视为当地的自然居民。而蜥蜴的特殊之处在于，它们有着很强的适应能力，能够和谐地融入许多环境中，以至于人们很难觉察到它们的存在。

亚当·埃尔斯海默，《瑟雷斯将斯特利奥变成普通蜥蜴》（*Ceres turning Stellio into a litard*, 1605—1607）。根据奥维德的说法，罗马的谷物女神瑟雷斯把年轻人斯特利奥（Stellio）变成了蜥蜴，因为这个年轻人嘲笑她吃东西的速度。之后 stellio 一词成为"蜥蜴"的众多术语之一。这类变形故事体现了人类对其他生物看待世界的方式感到好奇。

　　让我们从蜥蜴视角转换回人类视角。蜥蜴能为我们人类做什么呢？从实际层面来看，和所有的动植物一样，蜥蜴是许多医学和科学知识的来源。例如，我们可以从科莫多巨蜥身上学到一些关于免疫力的知识：这种生物的唾液

158

中包含超过50种细菌。蜥蜴最明显的用途是控制昆虫数量，后者不仅能够传播疾病，还会造成作物减产。如果像一些环境科学家预测的那样，全球变暖造成昆虫的大量繁殖，那么蜥蜴提供的服务就更有意义了。虽然只是美好的愿望，但我们仍然愿意相信蜥蜴能够做到这一点。不同生物在生态环境中共同构建了极其复杂的关系矩阵，人和蜥蜴也不例外。其复杂程度之高，以至于任何试图对其进行全面描述的举动都无异于痴人说梦，但这并不妨碍我们思考自己与其他物种的相互依存关系。然而最重要的也许是，如今蜥蜴的形象已通过龙和恐龙的形式，完全渗透到全球文化之中。也许没有蜥蜴，我们甚至无法成为真正的"人类"。

　　动物类书籍写作的魅力，主要在于这些动物总是能够挑战我们理解这个世界方方面面的惯性思维。人类语言的发展，主要是为了方便彼此之间的交流，因此当我们试图描述其他生物的感知领域时，人类的语言就显得无能为力

2012年在俄亥俄州辛辛那提附近拍摄的普通壁蜥。来自地中海的蜥蜴现在在美国中西部的部分地区已经非常常见，尽管是入侵物种，但它们也受到法律的保护。

了。我们唯一的办法是通过隐喻来描述，然后再加上我们天马行空的想象力。和人类以及其他生物一样，蜥蜴的存在可以从多个维度来理解。它们是地球上有机物质和能量无限循环的一部分。它们是当地生态系统的一部分，也是由亲缘关系构成的生物圈的一部分。至少在西方文化中，我们认为自己在整个生物分类体系中占据特殊的地位。我们不仅强调个性，也强调族裔归属。对蜥蜴而言，更重要的是拥有一个更全面的分类系统。从某种意义上说，蜥蜴比人类更具有哲学性。

我们人类常感到自己与自然界脱离。当我们为此而自豪时，我们把这种感受称为"人类例外主义"；当我们为此而悲哀时，我们称之为"疏离感"。我们极易迷失在个人的虚荣心理和集体的自我陶醉中，但蜥蜴能够如此自然和谐地融入环境中，甚至连"自我"的概念都不存在。蜥蜴能够模仿周围的颜色，而且它们能够感知到周遭的所有动静或变化。它们一动不动地趴着，看起来就像一株植物，但如果有昆虫进入其捕食范围，它们也能够迅速作出反应。蜥蜴有很多我们没有的特质，这也是它们让我们如此着迷的原因。

人类往往以自己的智力为荣，但如今我们已通过电脑、手机和无数的"智能"设备将我们的智力外化了。在某些方面，这些设备让我们更加强大。不过，这些高科技产品在许多方面限制了我们的自主权。因为它们深度参与了我们的决策过程，甚至直接代替我们作出某个决定，而我们常常没有意识到这一点。这些产品向我们推荐脸书好友，向我们发送基于个人兴趣的定制广告，并决定在搜索引擎的结果中会弹出哪些网站。也许我们正变得更像蜥蜴，它们的智慧不仅存在于大脑内，也存在于诸多感官中。蜥蜴对周围环境的任何变化都很敏锐，并且能够对气味、动作、温度和光线的变化迅速作出反应。

我们现在已经从许多方面深入研究了蜥蜴，包括它们的感官系统、象征意义、神话传说、演化历程和美学价值。因此我们必须再问自己："蜥蜴究竟是什么？"虽然其确切意义不可避免地会受到语境的影响，但至少"蜥蜴"一词总是包含着丰富的联想。

20世纪和21世纪的哲学，从实证主义到解构主义，大部分都集中在对词语的严格审定上。但是语言本身就像蜥蜴一样，永远是个谜。在大多数情况下，最好的解释也许是："蜥蜴就是蜥蜴。"以一种相对灵活的方式使用"蜥蜴"一词，除必要的情况外不作更多的限定，这种做法其实是将感官体验、直观展示和惊奇感置于理性思维之上。

蜥蜴时间线

3.1 亿—3.2 亿年前

古蜥从鳞龙亚纲分化出来。前者最终演化出鸟类和鳄鱼，而后者则是蜥蜴、蛇等爬行类的祖先，但不包括海龟。

约 1.35 亿年前

盘古大陆的分裂已经完成，各种蜥蜴在地理上已彼此分离。

6600 万年前

白垩纪大灭绝摧毁了当时 3/4 的物种，包括所有不会飞的恐龙以及巨大的海洋恐龙，如沧龙和蛇颈龙。包括蜥蜴在内的幸存物种开始迅速分化，填补了空出来的生态位。

1515—1547 年

"法国文化之父"弗朗索瓦一世对蝾螈十分痴迷。传说中蝾螈是一种由烈火淬炼而成的蜥蜴。

约 1555 年

陶艺家伯纳德·帕利西的"乡土瓷器"，这种风格的瓷器着重展现了蜥蜴的风采。

1825 年

法国生物学家皮埃尔·安德烈·拉特雷耶首次对爬行动物和两栖动物作出了明确区分。之后蝾螈及其亲缘物种逐渐不再被视为蜥蜴。

1854 年

水晶宫公园在伦敦开放，展出了以当代蜥蜴为原型的古代巨型生物雕塑。

162

公元前 2000 年

长得像巨蜥的穆修索像。该形象在美索不达米亚的艺术作品中十分流行。

公元前 1046—前 256 年（周朝）

五爪黄龙成为中国帝王的象征。

公元 400 年

一位居住在埃及亚历山大港，笔名叫作"生理学家"的希腊作家报告称，年老的蜥蜴可以通过直视太阳恢复青春。

公元 1600—1750 年

荷兰艺术家奥托·马修斯·范·施里克和雷切尔·鲁伊施在森林地面和花丛的绘画中将蜥蜴置于显著位置。

1703 年

神父弗朗西斯科·西梅内斯（Francisco Ximénez）抄录奎奇玛雅（QuichéMaya）创作的史诗《波波尔·乌》（Popol Vuh），讲述了库科玛茨（Qucomatz）创造世界的故事，库科玛茨即其他神话版本中的"羽蛇神"。

1822 年

玛丽·安·曼特尔在英国苏塞克斯发现了一个巨大生物的骨头。她的丈夫吉迪恩·曼特尔把它命名为禽龙（iguanodon），并形容它是一只体形巨大的鬣蜥。

1954 年

东京的东宝电影公司发行了电影《哥斯拉》，取得了巨大的商业成功，并为后来诸多关于巨型蜥蜴和恐龙的恐怖电影提供了套路模板。

1965—1985 年

约翰·奥斯特伦和其他科学家证实了一个古老的猜想，即鸟类是恐龙的后裔。这一发现有助于激发人们对古生物学的兴趣。

2000 年

地球正在经历第六次生物大灭绝。和所有动物一样，蜥蜴也面临着不确定的未来。

致谢及其他

　　我要感谢我的妻子琳达·萨克斯，在本书写作时是她一直在鼓励支持我。在写作期间，我暂时放下了许多有益或者有趣的活动。很多人会觉得写蜥蜴文化史有点古怪，但我的妻子自始至终都很支持我。

　　我还要感谢出版社的工作人员，特别是乔纳森·伯特和迈克尔·R.利曼，感谢他们对这本书的贡献。布莱恩·塔尔博特，格兰德维尔系列漫画小说的作者，慷慨地允许我复制他作品中描绘蜥蜴的图片。我使用了其中一些插图，这些插图是由 www.openculture.com 上的机构免费提供的。纽约大都会艺术博物馆、纽约所罗门·R.古根海姆博物馆、阿姆斯特丹国立博物馆、华盛顿国家美术馆和洛杉矶约翰·保罗·盖蒂博物馆对我的写作助益良多。维基百科的共享空间也很有帮助。

　　其中一些插图来自我自己的私人收藏，大部分是我在跳蚤市场买的。在户外摊位上翻看成堆的陈年插画，也许并非获得插图的最有效的方法，但其中不乏各种乐趣，也充满了许多意外之喜。我还要特别感谢曼哈顿绿色跳蚤市场的菲利斯·纽曼女士，她经常帮我找各种插画，并且帮我淘到了不少好东西。

　　对于任何一个项目来说，团队合作往往比我们预想的更加重要。我们不断吸收他人的建议、提示和各种零碎的想法，然后在无意识中应用了这些想法。虽然我无法将所有对本书形成有所启发的热心人士一一列出，但正如诗人 W.B. 叶芝（W.B.Yeats）在《对不相识的导师们的谢辞》（*Gratitude to Unknown Instructors*）中所言：

> 万物譬如朝露，
>
> 挂于一刃草叶。

也许蜥蜴听得懂这句诗。

 参考书目
相关机构和网址
图片版权声明

164